蓪草紙研究室

―染色╳花形╳組合全事典―

陳建華／著

作者序

　　這不是單純的造花，而是透過仔細觀察，運用天然材料與靈巧雙手幻化出各種美麗的植物生態。

　　本人從事工業設計服務 20 餘年，舉凡交通工具、資訊產品、傳統產業……等都曾設計，服務過國內外許多知名企業，注意到國外客戶對於環境友善議題的要求，深入探討後體認到環境日益惡化，轉為潛心研究生態化設計及綠色材料，發現目前市面上許多方案仍對環境有所傷害。最後從先人智慧出發，找到藺草工藝兼具文化、創意、產業及綠色環保的訴求，但有失傳之虞。

　　2009 年決定投入藺草研究，但初期完全找不到國內前輩大師的作品跟工具，只找到新竹大量生產的藺草玫瑰，還有樹火紙博物館內有從日本買回來的藺草梅花。但在英國皇家邱植物園的論文中可以看到該園從 1850 年收藏的藺草花。國內遍尋不著下先自行研究天然染色技巧跟蒐集各種造花書籍，還到救國團跟黎欣老師學習染色花，終於對造花有初步了解。

　　在介紹一代造花大師潘牛的書籍中看到大師説他自己「一生從未自書本或跟師傅研究過造花」「各種生花活草都是我的師傅啦」，原來就是要師法自然才會逼真。從此努力觀察自然生態，強迫自己重新去認識各種花卉及生態環境，並在許多臉書社團跟拍攝花卉的高手們切磋學習，才體會到台灣原來有那麼多美麗的事物，先前埋首在繁雜的工作時完全忽略了身邊的美好。

　　2012 年因為在綠知行部落格發表介紹潘牛大師的文章，接連跟他的弟子黃德河 (江河師) 跟學生林信枝取得連繫，二位分別重拾超過 20 年沒碰的工具與材料示範給我們看，還製作好幾件作品在新竹市文化局第一次的「藺草重生展」中展出，江河師因造花精湛技藝當年馬上被宜蘭縣文化局提報為無形文化資產，但可惜在 2013 年初黃大師即因病仙逝，生前仍抱病關懷藺草紙花傳習工作，目前由遺孀黃趙石及兒媳李麗華傳承手藝。

　　主要教導我們進入藺草紙花領域的是林信枝老師，公共電視午間台語新聞【技藝 101】在 2012 年 9 月製作了一個專輯【藺草。紙】，稱呼她是藺草的活教材，其實一點也不為過。此工藝歷史久遠，若無人傳承將永遠消失。隨後張秀美 (藺草文化藝術工作室負責人，台灣昔日最後一家藺草工廠老闆) 與筆者就定期向林老師學習藺草紙花，終於得以傳承這個難能可貴的技藝。

　　後續幾年跟一群夥伴致力於此工藝的傳承與發揚，感謝許多縣市政府、林務局、林試所、國藝會、國家公園、工藝中心、傳藝中心、科博館、新竹關帝廟、台大植物標本館、台灣玻璃館、各地社區發展協會、各級學校……的輔導與補

助，讓我們可以持續投入各種研究與發展，並從傳習課程中與優秀的學員們教學相長，已經有許多位學員成為講師並在各地繼續開課。

2017 年申請進駐桃園市土地公文化館，成為藝桃趣創意基地首屆的進駐藝術家，得以在此工作並長期展示藺草相關工藝與遊客們互動。同時在夥伴們的大力支持下籌組成立【台灣藺草學會】，希望更能集結各方的力量，將這天然又美麗的材料與手作讓更多人知曉。

感謝您對藺草造花有興趣。

接下來我們還要持續努力，讓這被遺忘的文化瑰寶重現風華。

現任

　　台灣藺草學會　理事長
　　知行創合有限公司　總經理

曾任

　世訊科技設計服務部　經理
　力捷電腦工業設計部　課長
　裕隆汽車工程中心造型所　設計師

學歷

　國立台北工專工業設計科家具設計組畢業
　Southern California University for Professional Study 科技管理 MBA

展演或發表紀錄

2012　新竹市文化局藺草重生展
2012　台中自然科學博物館藺草重生暨當代　國際藺草創作展
2013　東眼山自然教育中心藺草創藝趣　傳奇植物重生應用特展
2013　台北植物園欽差行臺　藺草特展　傳統產業的流轉與創新
2014　中華電信總公司　藺草特展　手感的溫度
2014　國立傳統藝術中心　非紙之紙　藺草工藝特展
2015　桃園藺草文創商品開發與推廣計畫成果展
2016　鹿港台灣玻璃館二樓文創小館　藺草重生特展
2016　國藝會　台灣藺草紙花與相關工藝　研究與調查
2017　陽明山藺草特展暨藺草嘉年華

推薦序

　　這雖然是一本主題為蓪草花製作的工具書，但在其中也展現著當代手作工藝設計的潮流、構思和特點。

　　蓪草花製作在插花老師中是夢幻逸品的素材：它是能讓花朵的美另一種方式表現自然的生命、展示自然的魅力以及傳統工藝細膩工法、通過花藝師將居家環境裝扮成具有自然美、意境美以及有文化神韻的高雅之地。傳統的蓪草花製作幾近失傳、陳建華老師獨特的創新教學賦予蓪草花新的傳承的模式，舊時「加工出口人造花的手工藝」，如今陳建華老師使用細膩的手法、深淺不同的色彩及豐富色調的搭配，編織製作一款款出動人的蓪草花朵，讓蓪草花賦予新生命。

　　本書著眼大處，從細節入手，遵循「由簡到繁」「從易到難」的原則，兼顧專業人士和花藝愛好者等不同層次的花友需求，以作品闡述蓪草花朵設計的風格、設計的技術、設計的內涵、設計的手法和設計者的匠心獨運。「讓傳統工藝蓪草花的美麗，傳進千家萬戶」是陳建華先生的願望，他希望能透過淺顯易懂的說明，細部的講解與步驟，讓蘊含在藝術中的專業手法，化身為溫馨可人的蓪草花藝作品，讓傳統工藝走進每個人的心田。

　　書中精彩技法到嚴謹的操作步驟，全面地介紹了蓪草花藝術創作的誕生、演變和最終實現，也使得此書的內容非常詳實、易懂、易學，相信必能讓廣大花友讀後甘之如飴。

第一屆中華盃全國花藝設計大賽冠軍

桃園是台灣草花供應最大宗的產地，許多地方美麗的花海與花毯都產自於桃園花農之手，因而有「草花王國」的美名。眾所周知，桃園的名稱來自於先民在此地種了許多桃樹而被稱為「桃仔園」。因著「桃仔園」的美名，市府舉辦了各種與花卉相關的活動：秋冬有【花彩節】、春天有【彩色海芋季】、夏日的【蓮花季】……等。今年年初，桃園市土地公文化館正式開幕並成立了藝桃趣創意基地，以蓮草工藝聞名的台灣蓮草學會陳建華老師，是文化館的第一批駐館藝術家。陳老師妙手生花，把這項幾乎被人遺忘、流傳千年的蓮草花造花工藝、賦予生命，為本館增添更深的文化藝術氣息，也落實了桃園「草花王國」的稱號。

　　蓮草花又稱為「草花」，以往多被用在美勞課程的材料上，當我帶領來訪貴賓參觀陳老師的工作室時，一看見陳老師把蓮草削薄如紙，做出栩栩如生的花卉時，不只驚嘆連連，也同時想起，這個經常被誤認為保麗龍材質的蓮草，就是大家小時候必用的美勞材料。除了美麗如鮮的花朵之外，還有許多動物及鄉土場景的捏塑也是極度擬真，很高興有這樣精緻的天然文化工藝在本地生根茁壯。

　　以前桃園還是蓮草的重要產地，從 1930 年原住民在角板山交易的影片中就可以清楚看到，目前在東眼山、拉拉山、慈湖……等處還有許多植株分佈。若用蓮草工藝串連觀光文化及生態旅遊，將是桃園市的一大亮點。

　　今年陳老師以藝術家身份進駐土地公文化館的藝桃趣創意基地，又籌組台灣蓮草學會擔任理事長，是傳統工藝、在地手藝獲得重生的開始。能有一群守護天然無形文化資產的老師在桃園群聚，開發文創商品與傳習課程，是桃園最重要的人文與工藝的資產。陳理事長出版這本書不只是這幾年的研究開發，還有傳承千年以上的文化意涵，值得大力推廣。

財團法人桃園市文化基金會執行長

劉子琦

目錄
Contents

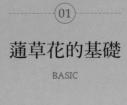

PART
01

蓮草花的基礎
BASIC

PART
02

蓮草花製作
PRODUCTION

PART
03

作品展示
GALLERY

Chapter

1

—

蓮草花的基礎

—

Basic

什麼是蓮草紙

　　蓮草，又名通脫木，是五加科灌木或小喬木，學名為 Tetrapananax papyriferus（Hook.）K.Koch，客家人稱之為花草。曾經是台灣極為重要的經濟作物，極易成長蔓延，越砍越多。髓心看似保麗龍，卻是純正的天然材質，可作為利尿通乳的中藥；還可以用於兒童美勞、插針、製作釣魚用的浮標……。是台灣最早被國際專家採集並命名的植物之一。

　　用蓮草髓心旋削而成的蓮草紙可以作畫，在清朝時期，蓮草畫曾是外國人到大陸旅遊回程時的最佳伴手禮，目前在世界上有許多博物館珍藏，所使用的蓮草大部分都來自台灣，可惜至今台灣少有人知。

　　蓮草紙觸感柔細，表面帶有一層類似細絨的特性，容易染色定型，和鮮花相似的程度也高於其他材質，曾被譽為最佳的造花材料。這項工藝技術的歷史淵源可從晉朝（265 ～ 420 年）崔豹的《古今注》追溯起，該書記載秦始皇（西元前 259 年～前 210 年 9 月 10 日）的妃嬪頭插五色蓮草蘇朵子，擁有超過 2000 年的應用歷史。清領時期蓮草紙製作工藝傳入臺灣後，更成為新竹地區的重要特產，民國 70 年左右更有廠商曾創下連續每天出口 10 萬朵蓮草玫瑰的紀錄，帶動當地經濟發展。

　　台灣擁有如此令人嘖嘖稱奇的植物與工藝，可惜未能好好珍惜逐漸遺忘在山林之間。近年文化創意產業興起，各種材料製作的花卉在市面上相當盛行，蓮草的文化藝術價值不應被埋沒，期待你我一起努力傳承並發揚此一天然文化瑰寶。

蓪草植株／張秀美提供

蓪草通脫／劉庭易攝

蓪草紙製作／張秀美提供

蓪草花製作／陳建華攝

工具材料介紹

◉ 工具 Tool

大剪刀

刀口較厚實銳利,適合剪卡紙及棉紙。

小剪刀

前端需尖銳,刀口較薄。

斜口鉗

剪造花鐵絲用,需可剪至 16 號粗鐵絲(太卷)。

美工刀

刀口需要薄且尖銳,可裁切整疊薄草紙。

鉗子

可用尖嘴鉗或電子鉗,協助緊壓鐵絲用。

鑷子

輔助較小部位組裝或微調。

鑽子

在各種紙材上增加孔洞時用。

切割墊

便於量測尺寸及切割材料用。

圓球棒

木製品,原為製作油土或黏土用的雙頭木圓球棒,圓球直徑有 6、8、10、12、14、16、18、20、22、24、26、28mm 共六支。

小型木製壓紋工具

木竹製品,一端加上細刻紋即可做為花瓣壓紋路使用,另一端還可協助調整花型。

中型木製壓紋工具

木製品,有許多種尺寸及外型,配合花型刻上各種紋路即可使用。波斯菊、牡丹、菊花……等適用。

大型木製壓紋工具

木製品,有許多種尺寸及外型,配合花型刻上各種紋路即可使用。波斯菊、牡丹、菊花……等適用。

荷花花瓣壓模

木製品,分為不同尺寸,仿製荷花花瓣的曲面及花紋而成。也可用於睡蓮及其他花卉。

軟墊

右側為較厚的軟墊,能耐熱,壓一般花瓣均適用。左側為較薄的軟墊,較硬,劃葉脈或花瓣需明顯壓紋時適用。

金屬製壓紋工具

也可用一般布花的燙器,但不需如布花的高溫壓燙。附圖為請老師傅製作的菊花花瓣壓紋工具,有不同尺寸及弧度可選擇。

葉模

銅製品,將組合好的葉子夾在模子中間加壓即可,目前有茶花、玫瑰、茉莉、菊花……等葉模可選購。

小噴罐

濕潤蓪草紙用，宜挑選均勻噴出細緻霧狀為宜，若太強勁或有水滴出現不易掌握紙張濕潤度。

造花鐵絲

常用為 26、22、18 號鐵絲，號數越高越細，18 號以上較粗的稱為太卷，製作大型花朵會用到，本書 P.21 會教您如何自行製作。

造花膠帶

注意要拉才有黏性，不可只是纏繞。有許多顏色可選擇，常用的是綠色及咖啡色，另有較細的造花膠帶適用於包覆細鐵絲用。

QQ線

又稱做拷克線、彈性線。造花時需要綁的地方用 QQ 線緊繞三四圈直接拉斷即可，拉斷處會自動束緊。

白膠

較常用的黏貼用膠，較乾時可加水攪拌。

漿糊

製作樹皮材料時需要添加，若用於花瓣黏貼乾的比較慢。

噴膠

需要較厚的花瓣可用噴膠黏合兩張蓪草紙，要注意使用後要倒置噴灑清除餘膠。有不同黏性可選擇。

◉ 材料 Material

蓪草原紙

用蓪草髓心旋削而成的白色蓪草紙，質地與花瓣相似，容易染色及塑型。一般尺寸為 9×9cm。

染色蓪草紙

將白色蓪草紙染出各種顏色，也可製作中間白色或其他顏色的漸層變化。

綠色棉紙

製作葉子及花萼時用。質感較堅韌。為求自然可參考實際植物，用壓克力顏料或油彩局部上色呈現稍帶棕黃或紫紅的感覺。

染料

常用為直接性染料，粉狀。加於約 80 度的熱水即可融解。另有鹽基性及反應性染料顏色較鮮豔，較容易退色。

壓克力顏料

棉紙製葉子或花萼需要局部上色時使用，可先於紙上刷一些水再用壓克力顏料可得到漸層的效果。

不透明水彩

英文為 Gouache，清朝蓪草畫所用的顏料，在蓪草紙上易塗抹均勻，可堆疊上色。

蓪草粉

較常用為黃色蓪草粉，是以蓪草紙屑用磨豆機攪碎即可得到蓪草粉，再染色就可當花粉使用。也有白色及紅色在不同花種使用。

木屑

製作樹皮時加入木屑可以達到表面粗糙的效果。

BASIC
03
—

花瓣製作

花瓣製作
動態影片 QRcode

❖ **步驟説明** Step by step

⊖ 剪紙型（以櫻花花瓣為例）

01 將紙型貼於紙板上（一般餅乾的紙盒即可）待乾後開始剪。

02 先沿著外緣剪一個大圓。

03 再剪小地方，直線處也要剪進去，花瓣頂端的小缺口（花缺）也要記得剪。

04 剪好的紙型。

05 用鑽子在正中間鑽一個洞。

⊖ 剪花瓣

01 濕潤蓮草紙。

Tip

蓮草乾燥時較硬易碎，但遇到水就會變軟易於塑形，乾燥後就會定型，這是我們能夠用來模擬花卉的千姿百態最大的因素。蓮草紙要先濕潤才可以進行裁切及定型，傳統作法是將蓮草紙夾在擰乾的毛巾中濕潤約一分鐘濕潤即可。我們利用小噴罐噴霧同樣可以達到濕潤的效果，要保持約 10 ～ 30cm 距離噴霧在表面，可先噴在手掌上試試，不可以近距離噴水，那樣會過濕，紙張無法定型。

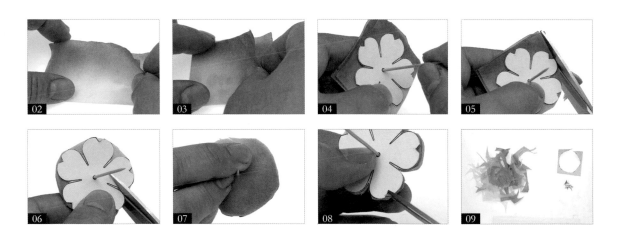

02 將蓪草紙對折。

03 再對折成為正方形。

04 將紙型置於摺好的蓪草紙上，用牙籤插在中間，可防止剪紙過程中移位。

05 先沿著外緣剪一個大圓。

06 再剪小地方，記得直線處也要剪進去。

07 剪花瓣時最底下的一張紙很容易移位或軟化，會造成變型，請隨時注意壓順。

08 花瓣頂端的小缺口（花缺）也要記得剪。

09 剪下來的蓪草屑後續可製作花苞，要另外收存（前一階段剪下來的紙板屑不能跟蓪草屑混在一起，請另外回收或丟棄）。

Tip
後續定型與組合方式請參考 Part 2 蓪草花製作。

BASIC
04
—

花心製作

花心製作
動態影片 QRcode

❖ **步驟說明** Step by step

⊖ 剪花心（以櫻花花瓣為例）

01

02

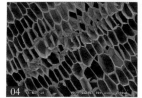
04

05

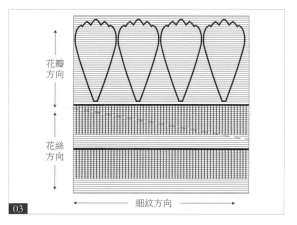

花瓣
方向

花絲
方向

細紋方向

03

06

07

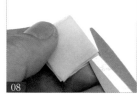
08

09

---

01 黃色蓪草紙一張，用小噴罐噴濕潤。

02 順著蓪草紙的小細紋對折並剪開。

03 此圖細紋為橫向，左右兩側有直向的切削波浪紋，請勿混淆。後續有花心及花瓣製作時請均依此圖方向細紋水平放置。

04 蓪草紙在電子顯微鏡下可以看到是由長六角型蜂巢狀的薄壁細胞組成，而我們看到的細紋其實就是六角型長邊的組成。跟紋路垂直的方向比較有彈性且較耐拉，反之順紋較缺乏彈性甚至一拉就裂，跟一般纖維材料的特性恰好相反，而製作蓪草紙花的花絲要跟細紋垂直，後續製作花瓣時也要注意細紋要跟花梗垂直。本書中除非特別不同標註，紙型放置時蓪草紙都要保持細紋為水平方向。

05 再對折一次後剪開，成為四張條狀蓪草紙。

06 取其中一條對折。

07 再對折。

08 兩邊摺合處剪開一半。

09 依序剪出約 0.1cm 寬深度約超過一半的長條狀。

⊖ 捻花絲

01 將整條分為兩半。

02 趁紙還有些濕潤捏住幾條花絲，左右轉一下加壓就可以變更細。

03 若紙太乾捻不動，可噴些水在桌上，手指沾些水再捻。

04 捻過後有些花絲會打結或歪斜，需要向上梳順一下，小心不要太用力拉斷花絲。

⊖ 組花心

 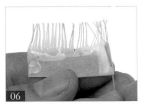  

 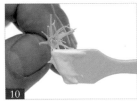  

01 在第二或第三條花絲中間剪深一點點。

02 將 26 號的細鐵絲前端約 1cm 折彎。

03 勾住剪深的地方並加壓。

04 讓鐵絲夾住花心。

05 將白膠點在花絲下緣及兩端，注意下半部只在兩端有膠。

06 將花心捲黏起來。

07 捲好的花心。

08 將花心的下半部捏細，要留一小段不捏，後續花瓣才有地方黏。

09 用鐵絲將花絲整理撥開。

10 將花絲前端沾膠。

11 花絲前端沾花粉。

12 花心完成。

BASIC
05
—

花苞製作

花苞製作
動態影片 QRcode

❖ **步驟說明** Step by step （以茶花花苞為例）

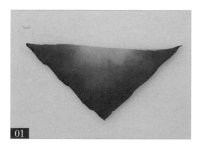
01

02

03

04

05

06

07

08

09

01 將蓮草紙斜剪出 1/2 張，三角直角端對著自己。

02 將 1/2 張蓮草紙、蓮草屑噴濕潤。

03 將蓮草屑揉捏成約大拇指一節大小，將鐵絲略凸出約 1cm 置於其上。

04 彎曲鐵絲前緣以緊扣住蓮草紙團。

05 完全扣緊的紙團。

06 另取蓮草屑蓋住紙團外露的鐵絲，紙團捏緊橫置於三角形的中間。

07 蓮草紙下緣向上捲曲包覆紙團。

08 繼續捲曲將紙團包住。

09 拿起捲好的組合。

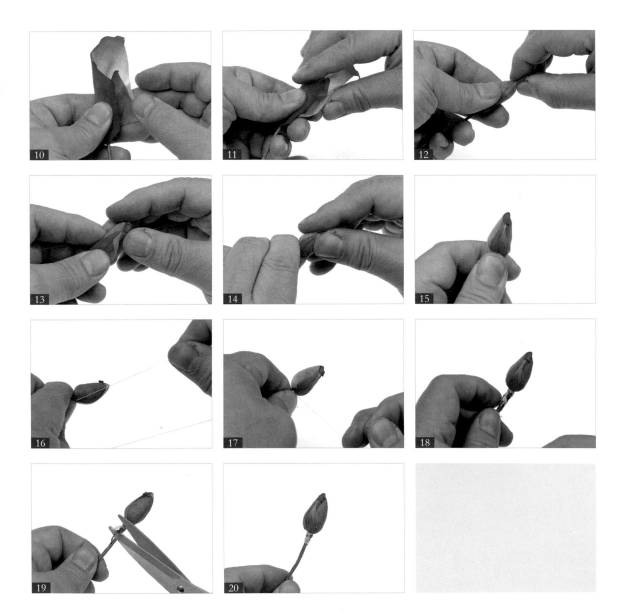

10 將下方蓮草紙向上提，夾入紙捲中。

11 捏住上端。

12 在紙團上緣扭轉兩圈再放下，若紙張較乾容易裂開，扭轉前宜再噴水濕潤。

13 在紙團上緣轉兩圈再放下， 可挑選有裂痕或顏色不均處蓋住缺陷。

14 上端捏尖，下端向上擠成微胖的水滴型。

15 捏好成為含苞待放的形態。

16 用 QQ 線纏繞於花苞下緣。

17 繞緊約四圈後用力扯斷即可固定。

18 固定好的花苞。

19 剪除下方多餘的蓮草紙及 QQ 線。

20 花苞完成。

BASIC
06
—

葉子製作

葉子製作
動態影片 QRcode

❖ 紙型 Paper type

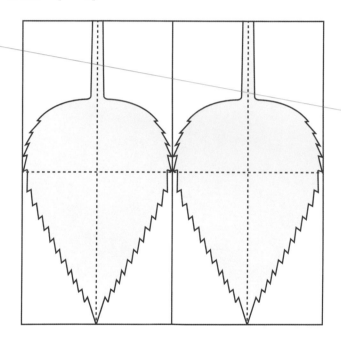

❖ 步驟說明 Step by step

⊖ 剪葉子（以茶花葉子為例）

01　正方形的綠色棉紙。

02　對折成長方形。

03　再對折成更瘦的長方形。

04　從摺合的端點下刀，左手盡量貼近下刀處但
　　不要剪到手。

05 第一刀可以比較深。

06 剪一下左手抽一下就形成鋸齒，邊拉鋸齒邊向側面正中間剪，注意左手指的位置隨剪的位置移動，不要左手轉來轉去剪成波浪。

07 轉剪出 1/4 圓弧，鋸齒到一半即可，最後可不加鋸齒。

08 剪剩約 0.15cm 處往上剪留下葉柄。

09 剪下的半葉型。

10 打開即為兩張葉子。

11 按此要領剪出八張葉子。

⊖ 組合鐵絲

01 鐵絲均勻上膠，有白色一坨時黏貼會溢膠。

02 可利用姆指背面基部抹勻。

03 貼在葉子中間，上方距離葉尖約 1cm。

04 對折。

05 對折後迅速用指甲尖順著鐵絲壓緊。

06 兩面都要壓。

07 兩面壓緊後馬上打開，將鐵絲藏在中間。

08 將葉子中間壓平，順便抹去溢膠。

09 葉柄捲黏，貼鐵絲完成。

10 熟練後可一次塗三至四條鐵絲，但後續速度要快，趁膠未乾要馬上處理。

11 貼完八張葉子。

→ 葉脈製作

   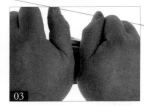

  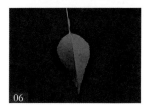 

01 將葉子中線對準下模，中間用指頭壓定位。

02 再將上模闔上。

03 用力壓緊，可前後左右搖動壓得比較均勻。

04 上模取下檢視壓葉脈成果。

05 葉脈完成。

06 若無葉模，可用薄軟墊（類似滑鼠墊）壓紋路。

07 用乾掉的原子筆、竹木籤或剪刀刀背畫出葉脈。

08 注意壓紋工具要盡可能平順壓葉脈，不要用尖端以免劃破棉紙。

09 另一側也要劃葉脈。

10 用葉壓模壓葉脈較有立體感。

11 每組花需準備至少八片葉子。

太卷製作

太卷製作
動態影片 QRcode

❖ 步驟説明 Step by step

01 準備裝水容器與刷子。

02 將報紙橫向裁對半後在表面平均刷上水。

03 將 18 號或 16 號鐵絲拉直，橫放在距離報紙底部約 3cm 處。

04 將下方的報紙向上摺。

05 用指頭將鐵絲盡量貼緊報紙摺合處。

06 平均施力向上推捲，注意兩手要稍向內推擠，才不會造成濕報紙捲斷。

07 繼續捲壓讓整支太卷平順。

08 太卷完成後曬乾即可使用。

09 若要有粗細變化可將報紙裁斜。

10 重複步驟 1-7，捲出太卷。

11 可製作多支不同粗細變化的太卷備用。

BASIC
08
—

染色

染色動態影片 QRcode

❖ 步驟說明 Step by step

⊖ 染料

01　直接性染料：蓮草紙染色時使用。

02　鹽基性（左）跟反應性（中）：顏色較鮮豔，
　　但較容易退色。食用性色素（右）較環保，
　　但更容易退色，除特殊用途不建議使用。

⊖ 單色

01　先在鍋內放少量染料（粉狀）。

02　再加入其他顏色，此次示範紫紅色，先加
　　兩小匙紫紅色再加一小匙紅色調整，染料
　　與水的比例約為 1：100。

03　加入適量的熱水，混勻即可融解.請注意：
　　染色全程包含浸泡用水請用煮沸過的開水，
　　因為自來水含氯，是造成退色因素之一。

04　取一疊蓮草紙約 80 ～ 100 張，四邊浸在冷
　　開水中讓水浸透蓮草紙。

05　放在冷開水中完全浸透，可一直翻動讓中
　　間的紙都可以吸到水。

06　要染色前將整疊蓮草紙加壓，將水分擠出
　　去。

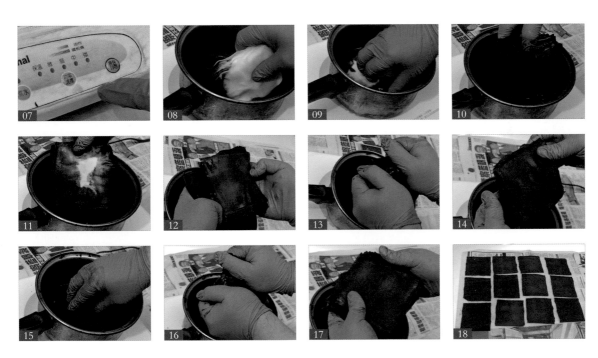

07 加熱染料，不必煮到滾，約 50 ～ 60 度即可，以不燙手為原則。

08 先將邊緣染色，若顏色不合所求，此時可再加染料或開水調整。

09 整疊放進染料中。

10 翻動蓮草紙讓每張紙顏色均勻。

11 若翻動不足，中間可能像此圖留下一塊白色區域。

12 持續翻動約 5 分鐘後取出檢查是否均勻。

13 將蓮草紙加壓擠出染料。

14 若有較白區域即表示染色不均，染料重新加熱至 50 ～ 60 度。

15 放回蓮草紙繼續染色再翻動約五分鐘。

16 取出再擠壓。

17 若顏色均勻即可，可重複擠壓染色約三次較牢靠。

18 染好的蓮草紙攤在泡綿墊上晾乾，乾了以後整疊放整齊用重物壓平整即可。

→ 漸層

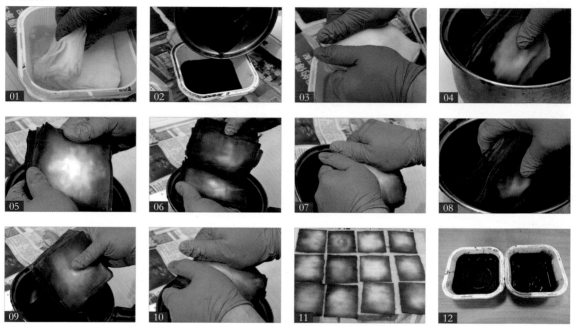

01　與單色染相同將整疊蓆草紙用冷開水浸濕透。

02　鍋內染劑只留約 0.6 ～ 1cm 高度。

03　將浸泡過開水的蓆草紙水分擠掉。

04　將整疊蓆草紙邊緣及角落輪流浸泡在染劑中。

05　浸完一圈拿起來查看是否均勻。

06　翻中間來看若有一側不足下次注意那邊染多一些。

07　擠壓蓆草紙將染料擠出來，注意先從中間壓再壓旁邊。

08　染劑再加熱再染一次邊緣及角落。

09　取出來約 2 分鐘讓顏色吃進去。

10　擠壓蓆草紙將染料擠出來。

11　染好的蓆草紙攤在泡綿墊上晾乾，乾了以後整疊放整齊用重物壓平整即可。

12　染劑約 3 天內可繼續使用，若超過會乾掉或產生沈澱，宜報廢勿繼續使用，但不宜直接倒入排水管，可用報廢容器裝起來自然蒸發，以免造成環境污染問題。

Chapter

2

—

蓪草花製作

—

Production

Flower

/

01

花語 愛情、平靜、有你我就覺得溫暖

牽牛花

牽牛花
動態影片 QRcode

◆ 工具材料 *Tool & Material*

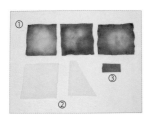

紙材
　① 漸層色蓮草紙 3 張
　② 白色蓮草紙 1.5 張
　③ 綠色蓮草紙 1 張（2.25×4.5cm；
　　　1/4 條蓮草紙裁對半）
　④ 綠色棉紙 1 張（8×12 cm）

鐵絲
　⑤ 26 號造花鐵絲 6 支（9cm）
　⑥ 22 號造花鐵絲 1 支（16cm）

其他
　⑦ 牽牛花紙型 1 張

◆ 紙 型 *Paper type*

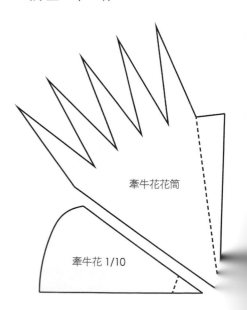

牽牛花花筒

牽牛花 1/10

◆ **步驟説明** *Step by step*

◇ 花瓣製作

1 將紙型依黑色實線剪下。

2 將漸層蓮草紙噴微潤。

3 將漸層蓮草紙依斜對角摺對半。

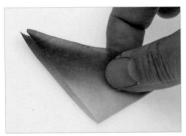

4 再摺一半找出中心點。

5 右側蓮草紙以中心為準摺向左邊對齊 1/10 紙型上緣。

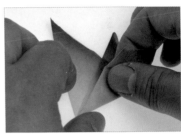

6 再次將右側蓮草紙以中心為準摺一半。

7 將蓮草紙翻轉到背面。

8 將另一側反摺對齊。

9 將 1/10 紙型跟摺好的蓮草紙尖端對準。

10 蓮草紙上緣依紙型剪齊（依紙張大小差異可以調整縮放）。

11 剪好的蓮草紙。

12 尖端參考虛線位置剪掉（可少剪不要多剪）。

13 順著縱向從端面看，拗成曲線波浪。

14 橫放用手指揉捏出皺紋。

15 小心將花瓣上緣打開但下半部不開。

16 捏著下半部整理花瓣平均展開，邊緣可用手指調整成外翻姿態，也可用竹籤或筆捲外翻。

17 調整完成，花瓣倒置於桌面，中間開口稍微張開。

◇ 花筒製作

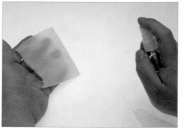

18 白色蓮草紙噴濕潤。

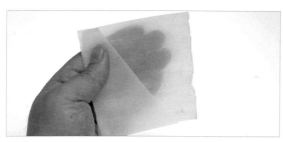

19 將半張的蓮草紙對齊邊緣，注意細紋需要方向一致，斜剪下來。

20 三片蓮草紙重疊，將花筒紙型盡量往寬的一側放。（註：不加花筒一樣可以做出牽牛花，只是比較小朵。）

21 剪下蓮草紙，注意不要因為下面的紙倒捲或移位而剪歪。（註：實際上牽牛花並無花筒，受限於一般蓮草紙尺寸只有 9×9cm，此處加花筒只是要將花加大。）

22 用竹籤輕壓邊捲成錐狀捲筒。

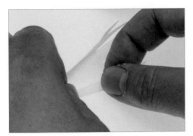

23 將右側長三角黏貼處向內摺。

24 在右側長三角黏貼處均勻上膠。

25 貼到另一側成為捲筒狀，可用竹籤在內部協助壓緊。

26 將五個片狀向外撥開。

27 原製作的花瓣倒置於桌面，將花筒對上去，尖端盡量對準花瓣的五個凸緣中間。

28 若花瓣感覺太小或太大可以再噴點水濕潤後，再調整大小。

29 將五個片狀內側上膠。

30 花瓣的小孔外圍也上點膠。

31 將花筒與花瓣黏合，尖端盡量對準五個凸緣中間。

32 將花瓣置於虎口中間，用竹籤均勻壓合並調整花瓣造型。

33 若尖端有凸出小心剪齊。

34 組合完成的花瓣。

◇ 花心製作

35 取花筒剪剩的材料。

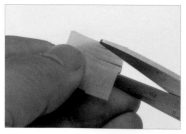

36 剪出三張約為寬 1.3cm，高 1.7cm 的長方形（約為大拇指指甲大小）。

37 剪一排間隔約 0.15cm，深度約超過一半的花絲，大約六～八根即可，注意剪花絲的方向要與細紋為垂直。

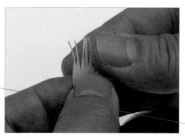

38 趁紙還有些濕潤或手指沾些水捏住幾條花絲，左右轉一下加壓就可以捻更細。

39 取出 26 號細鐵絲，前端約 1cm 處折彎。

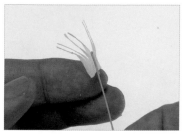

40 細鐵絲勾住第二或第三個花絲加壓夾住。

41 下半部上膠後，捲黏上去。

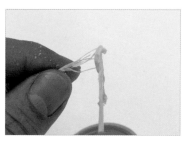

42 將花絲的前端點膠。

43 花絲前緣沾黏花粉。（註：此花粉是將原色蒲草屑絞碎而成，也可用黃色蒲草粉。）

44 將廚房紙巾剪寬約 1cm 的長條，斜捲在花心下端。

45 捲黏約 3cm。

46 比對花瓣位置。

47 在捲黏的紙巾端沾膠。

48 插入花心。

49 花心往下拉，花粉位置要略低於花瓣中心。

◇ 花萼製作

50 將花筒下緣捏緊，固定在捲黏的紙巾上。

51 捏好的花筒下端自然形成半球狀。

52 將小張綠色蓪草紙噴濕潤。

53 右側摺過來約與左側同寬。

54 左側向後摺，此時紙張為平均三等份。

55 交叉剪出五個尖狀花萼片，深度約為一半。

56 剪為三份後下端上膠，尖狀花萼片不必上膠。

57 花萼黏貼於花筒下端。

58 待膠乾後，用綠色造花膠帶纏黏住花萼下方鐵絲約2cm。

◇ 葉子製作

59 取綠色棉紙。

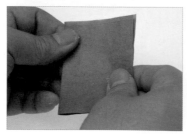

60 對折。

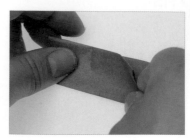

61 再對折。

62 從葉尖開始剪出心型。

63 記得留出葉柄。

64 打開葉子。

65 細鐵絲平均上膠,上端留約 1cm 貼於葉子中間。

66 對折後迅速用指甲尖順著鐵絲壓緊,兩面都要壓。

67 慢慢打開葉子,不要露出鐵絲,將中間壓平。

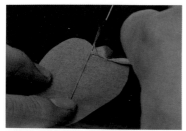

68 在軟墊(類似滑鼠墊)上用竹木籤或剪刀背劃出葉脈,第一條較平。

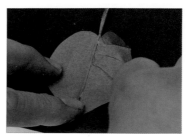

69 接下來較斜,間隔約 0.8cm。

70 劃另一側的葉脈。

◇ 組合

71 將細造花膠帶纏於 26 號的造花鐵絲上（若用寬的造花膠帶會顯太粗）。

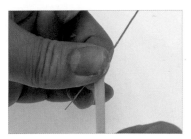

72 底下 1cm 可不纏。

73 將纏過細造花膠帶的鐵絲捲於竹籤上，捲成螺旋狀。

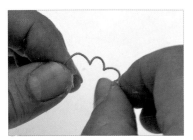

74 取出後將螺旋狀撥亂成捲鬚的自然型態。

75 用細造花膠帶固定捲鬚跟 22 號鐵絲。

76 組合花前需先將下緣折彎約 45 度。

77 邊捲造花膠帶邊組合花朵。

78 繼續組上葉子。

79 一花一葉依序將三朵花兩片葉子組合完成。

80 下端約 10cm 不要組物件，以方便插瓶。

81 插在小花瓶上。

花語　永恆的愛，一生守候和喜悅

玉堂春 —— 重瓣梔子花

◆ 工具材料 Tool & Material

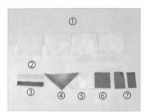

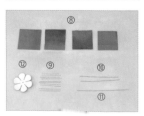

紙材

① 漸層乳白色蓮草紙 4 張

② 黃色蓮草紙 1 張（1.8×9cm）

③ 棕色蓮草紙 1 張（2.25×9cm）

④ 黃綠色蓮草紙斜剪 1/2 張

⑤ 漸層乳白色蓮草紙斜剪 1/4 張

⑥ 綠色棉紙 1 張（6×6cm）

⑦ 綠色棉紙 2 張（3×6cm）

⑧ 綠色棉紙 4 張（7.5×7.5cm）

鐵絲

⑨ 26 號造花鐵絲 10 支（7.2cm）

⑩ 22 號造花鐵絲 2 支（12cm）

⑪ 22 號造花鐵絲 1 支（18cm）

其他

⑫ 玉堂春紙型 1 張

◆ **紙型** *Paper type*

蓮草紙型擺放法

◆ **步驟說明** *Step by step*

◇ 花瓣製作

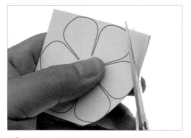

1 剪下花瓣紙型，另兩個紙型不用剪。

2 用錐子或小剪刀在中心戳個小洞。

3 四張蓮草紙平放桌面，用小噴罐噴濕潤。

4 四張蓮草紙疊整齊，保持習慣將細紋維持為橫向，參考右上圖擺放法，將紙型放在角落，將側邊剪一長條下來。

5 另一側也剪下較短的條狀。

6 將花瓣依紙型完全剪下，中心需用牙籤戳洞。

7 若蓮草紙仍微潤則可直接進行後續動作，若偏乾則再平放噴微潤。

8 將四張花瓣完全重疊後對折，此時如同有三片花瓣。

9 以中心為準，將右側花瓣往內摺。

10 將左側花瓣往後摺。

11 以中心為準將花瓣拗成 M 型，不必過度擠壓。

12 將花瓣打開後，將四張分開。

13 用指頭將每個小花瓣在掌心壓出凹型。

14 左手掌微曲，用大拇指在中心按壓。

15 盡量調整出勻稱的花瓣形狀。

16 四張花瓣可以調整不同的彎曲度，放裡面的較凹，外面的比較平。

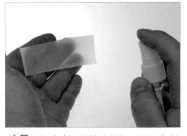

17 取出較長的紙條三張噴微潤。

18 取其中一張對折。

19 再對摺讓右邊跟左邊尺寸相等。

20 將左邊向後摺，此時已將紙條摺為六等份。

21 參考紙型將摺好的紙上緣剪出弧度。

22 向內壓拗出波浪紋。

23 打開紙條。

24 參考紙型將小花瓣間的直線剪深，重複步驟 18-24 重複做出三條小花瓣。

25 黃色蓮草紙噴微潤。

26 對摺。

27 再對摺讓右邊跟左邊尺寸相等。

28 將左邊向後摺，此時已將紙條摺為六等份。

29 將頂部剪成有圓弧的 M 字型。

30 打開成為有十二個波浪的長條，參考紙型將小花瓣間的直線剪深。

31 將中間剪開。

32 再摺疊拗出波浪紋。

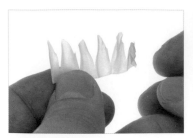

33 打開呈現有六個波浪的長
條。

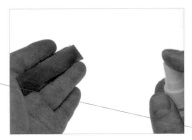

34 棕色蘆草紙噴微潤。

35 對折。

36 再對折。

37 將兩側剪到一半。

38 間隔約 0.1 ～ 0.15cm 剪整
排，約超過一半的深度。

39 打開成為整排的花心。

40 上述步驟準備完成的材料。

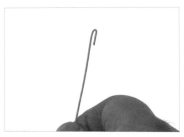

41 取 22 號較粗的鐵絲，前方
約 0.8cm 折彎。

42 在第二或第一片小花瓣間
勾住並夾起來。

43 小花瓣下緣上膠。

44 邊捲邊黏起來。

45 將棕色花心剪為三段,也可將花心捻細。

46 取其中一段下半部上膠。

47 邊捲邊黏在黃色外圍。

48 將棕色花心稍微向外撥開。

49 在棕色花心頂端上膠。

50 沾花粉。

51 將小花瓣下緣用類似百褶裙的方式摺邊。

52 讓小花瓣間的下緣重疊,自然產生彎曲。

53 在小花瓣下緣上膠。

54 邊捲邊黏在花心外圍。

55 捲黏第二層小花瓣。

56 小花瓣組合完成。

57 在小花瓣外圍下半部上膠。

58 將內層大花瓣套進去。

59 虎口微握可協助固定並調整花型。

60 在內層大花瓣外圍的下半部上膠。

61 套入第二層大花瓣，要注意上下層花瓣要交錯。

62 在第二層大花瓣外圍下半部上膠。

63 套入第三層大花瓣，第三層也可反過來裝，花型會更開。

◇ 花萼製作

64 將花放在食指與無名指中間手掌微曲，旋轉並輕壓花瓣即可調整花型。

65 將餐巾紙剪為寬約 1.2～1.5cm 的長條狀並塗上膠。

66 邊捲邊黏在花朵的下方。

67 捲到直徑約0.6～0.8cm即可。

68 取一段先前剪剩的乳白色蓪草紙,剪一小段。

69 上膠黏在餐巾紙外圍。

70 將餐巾紙完全包覆。

71 取出小張的綠色棉紙。

72 對折。

73 再對折。

74 交叉斜剪出四個尖型,深度約為一半。

75 打開形成十六個尖型。

76 從中間剪開。

77 在薄軟墊上用剪刀刀背或竹籤在每個尖型中間壓出凹陷條紋到下半部。

78 壓好的花萼。

79 在下半部上膠。

80 捲黏在花下面，尖端略接觸花的外層。

81 待膠較乾時捲上造花膠帶。

◇ 花苞製作（細節請參考花苞製作）

82 花朵部分完成。

83 將斜剪 1/2 黃綠漸層蓮草紙噴濕潤。

84 將蓮草屑噴濕潤。

85 將蓮草屑揉捏成約大拇指一節大小後，將鐵絲略凸出約 1cm 置於其上，彎曲鐵絲前緣以緊扣住蓮草紙團。

86 另取蓮草屑蓋住紙團外露的鐵絲，紙團捏緊橫置於三角形的中間偏右。

87 蓮草紙下緣向上捲曲包覆紙團。

88 拿起捲好的組合，將下方蓮草紙向上提，夾入紙捲中。

89 捏住上端在紙團上緣扭轉兩圈再放下，若紙張較乾則易裂開，扭轉前宜再噴水濕潤。

90 上端捏尖，下端向上擠成微胖的水滴形。

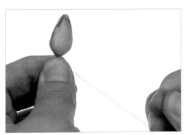

91 用 QQ 線纏繞於花苞下緣，繞緊約四圈後用力扯斷即可固定。

92 取寬 1.2 ～ 1.5cm 餐巾紙上膠。

93 捲黏在花苞下端至直徑約 0.6 ～ 0.8cm。

94 纏上淺綠色的造花膠帶。

95 重複步驟 79-80，貼上花萼。

96 待膠較乾時捲上造花膠帶。

97 花苞完成。

◇ 小花製作

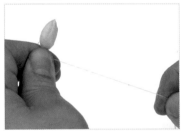

98 重複步驟 83-91，用斜剪 1/4 張的漸層乳白色蓮草紙製作出小花苞。

99 小花苞上面上膠，取步驟 24 的小花瓣黏上去。

100 將小花瓣下半部上膠。

101 套進大花瓣。

102 虎口微握將小花定型。

103 取寬 1.2 ～ 1.5cm 餐巾紙上膠，捲黏在花苞下端至直徑約 0.6 ～ 0.8cm。

104 貼上乳白色蓮草紙。

105 重複步驟 79-80，貼上花萼。

◆ 葉子製作（細節請參考葉子製作）

106 纏上綠色造花膠帶。

107 小花完成。

108 正方形的棉紙。

109 對折。

110 再對折。

111 從摺合端點小弧度剪到對面中間。

112 再轉 1/4 圓弧留下約 0.15cm 處往上剪，以留下葉柄。

113 剪下的半葉型。

114 打開有兩片葉子。

115 共需剪十片葉子。

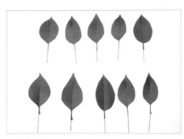

116 加上鐵絲。（註：葉子製作可參考 P.19。）

117 將葉子放在茶花模下模中間，中間壓一下以利定位。

◇ 組合

118 蓋上上模，前後左右加壓，以壓出葉脈。

119 十片葉子葉脈完成。

120 梔子花葉子是對生或輪生，此處示範對生，將相對的兩片葉子用造花膠帶固定。

121 一段距離再加兩片，可以交錯。

122 小花比照上述加上四片葉子。

123 花苞裝兩片葉子。

124 依照自己喜歡可將三者組合在一起，注意莖桿會合處不要只纏繞固定，宜將造花膠帶跨越交接處繼續纏繞較為美觀。

125 將大花、小花、花苞組合在一起。

126 玉堂春組合完成。

Flower

03

桐花

花語 情竇初開

◆ 工具材料 *Tool & Material*

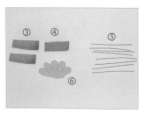

紙材
　① 白色蓮草紙 2 張
　② 淺紅漸層蓮草紙 1 張（3×9cm）
　③ 綠棕色蓮草紙 2 張（2.25×4.5cm）
　④ 橘色蓮草紙 1 張（2.25×4.5cm）

鐵絲
　⑤ 26 號造花鐵絲 8 支（9cm）

其他
　⑥ 桐花紙型 1 張

◆ 紙 型 *Paper type*

◆ **步驟說明** *Step by step*

◇ 花瓣製作

1 將一張白色蓮草紙噴濕潤。

2 對折。

3 再對折成為方形。

4 將剪好的紙型斜放以不超過蓮草紙為原則。

5 沿著紙型外圍先剪出大致形狀。

6 再依紙型剪中間的細節,記得直線也要剪進去。

7 一次可剪出四張花瓣,再剪第二張蓮草紙。

8 趁紙微潤時用小木壓紋工具在薄軟墊上壓出細紋,若紙太乾需再噴微潤,太濕則不易定型。

9 八張花瓣壓紋完畢。

10 花瓣弧度向外,用竹籤在中間輕壓讓花瓣捲起來。

11 將花瓣外側的小三角形上膠,黏在另一側的內部。

12 用竹籤在內部按壓讓黏貼更密實。

13 成型後倒扣在桌面。

14 完成八張花瓣製作。

◇ 花心製作

15 將漸層色蓮草紙噴濕潤。

16 對折。

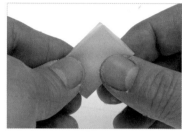

17 再對折。

18 兩邊摺合處剪開約 2/3。
（註：剪淺色那端。）

19 依序剪出約 0.1cm 寬，深度約 2/3 的長條狀。

20 趁紙還有些濕潤捏住幾條花絲，左右轉一下加壓就可以變更細，若紙太乾捻不動，可噴些水在桌上，手指沾些水再捻。

21 捻好的兩條花心。

22 每條平均剪為四段。

23 成為八份花心。

24 將 26 號的細鐵絲前端約 1cm 折彎，勾住第二或第三條花絲中間並加壓。

25 讓鐵絲夾住花心。

26 將花心下半部上膠，將花
心捲黏起來。

27 用鐵絲將花絲整理撥開。

28 將花絲前端沾膠。

29 花絲前端沾花粉及完成花
心，製作八組花心。

◇ 花萼製作

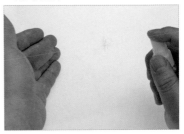

30 綠棕色蓪草紙噴微潤。

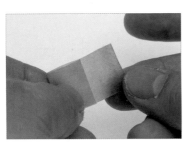

31 摺左邊跟右邊尺寸相等。

32 將右邊向後摺，此時已將
紙條摺為三等份。

33 交叉斜剪弧度深度約為一
半，剪出三個山型。

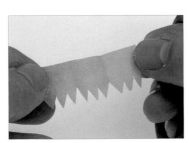

34 打開後呈現九個山型。

35 平均分為三段，另一張綠
棕色及橘色均比照辦理，
會得到九段花萼。

◇ 組合

36 花心下半部上膠。

37 將花瓣套入花心。

38 花心向下拉並黏緊。

39 花心花瓣組合完成。

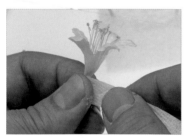

40 將餐巾紙剪為 1cm 左右的長條纏黏在花瓣下緣。

41 至直徑約為 0.4 ~ 0.5cm 左右即可。

42 將花萼下半部上膠。

43 黏在剛剛纏的餐巾紙上，注意上端不要讓餐巾紙外露，底下可以露出。

44 纏上細造花膠帶到底即完成，注意等花萼的膠乾後再纏造花膠帶，否則花萼會被扯移位，也可先纏造花膠帶再黏花萼避免此困擾。

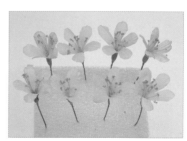

45 八朵桐花製作完成。

Flower

/

04

茶花

花語 可愛、謹慎、謙遜、理想的愛

茶花
動態影片 QRcode

◆ **工具材料** *Tool & Material*

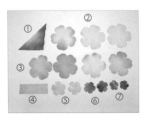

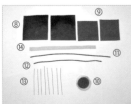

紙材
① 漸層蓮草紙斜剪 1/2 張
② 紅色蓮草花瓣 3 張（直徑 8cm）
③ 紅色蓮草花瓣 4 張（直徑 8.6cm）
④ 黃色蓮草紙 1 張（3×9cm）
⑤ 淺橄欖綠蓮草花萼 2 張（直徑 4.4cm）
⑥ 橄欖綠蓮草花萼 2 張（直徑 3.6cm）
⑦ 深橄欖綠蓮草花萼 2 張（直徑 2.9cm）
⑧ 綠色棉紙 2 張（7.5×7.5cm）
⑨ 綠色棉紙 2 張（6×6cm）
⑩ 橘黃色蓮草粉（花粉）

鐵絲
⑪ 18 號造花鐵絲 1 支（25cm）
⑫ 18 號造花鐵絲 1 支（19cm）
⑬ 26 號造花鐵絲 8 支（7.2cm）

其他
⑭ 餐巾紙 1～2 條（1.2cm 寬）

◆ 紙 型 *Paper type*

◆ 步驟說明 *Step by step*

◇ 花心製作

1 將黃色蓪草紙噴濕潤。

2 對折，再對折。

3 兩邊摺合處剪開約 2/3，依序剪出約 0.1cm 寬，深度約 2/3 的長條狀。

4 剪好的花絲。

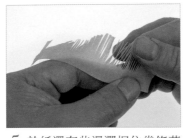

5 趁紙還有些濕潤捏住幾條花絲，左右轉一下加壓就可以變更細，若紙太乾捻不動，可噴些水在桌上，手指沾些水再捻。

6 捻好的花絲。

7 平均剪為兩段。

8 其中一段再剪為三段。

9 將 18 號的粗鐵絲前端約 1cm 折彎，勾住較長一段的第二或第三條花絲中間並加壓。

10 讓鐵絲夾住花心，並將花心下半部上膠。

11 將花心捲黏起來。

12 用鐵絲將花絲整理撥開。

13 將花絲前端沾膠。

14 花絲前端沾花粉。

15 完成花心。

16 此示範為剪好的花瓣，先區分出大花瓣及小花瓣。小花瓣三片或四片皆可。若無剪好的花瓣請由剪紙型開始。

17 四片小花瓣平放桌面，用小噴罐噴濕潤。

18 四片小花瓣疊整齊。

19 將四片花瓣完全重疊。

20 完全重疊後，左邊呈現為一半的小花瓣。

21 以中心為準將右側小花瓣往內摺。

22 將左側一半的花瓣往後摺。

23 摺好的花瓣。

24 中間向下拗。

25 再將花瓣兩側向下拗成 M 型，不必過度擠壓。

26 將花瓣小心打開。

27 將四張分開。

28 蓮草紙微潤狀態，用直徑 14mm 的圓球棒在中心壓凹，並可用手指將花瓣向內壓。

29 另一張微潤的小花瓣放在掌心，用直徑 16 或 18mm 圓球棒在中心壓凹。

30 另一張微潤的小花瓣放在掌心，用直徑 20mm 圓球棒在中心壓凹。

31 另一張微潤的小花瓣放在掌心，用直徑 22mm 圓球棒在中心壓凹。

32 做好四張不同開放程度的花瓣。

33 將花心的下方上膠。

34 套入壓開放程度最小的花瓣。

35 將花瓣套入並黏緊。

36 第一瓣的背部上膠。

37 繼續套入第二瓣黏緊。

38 繼續上膠並套入第三瓣及第四瓣，注意每層花瓣要交叉置放。

39 可將花莖置於中指及無名指中間，手掌及指頭微曲壓住花朵並邊轉邊壓，可將花型調整更漂亮。

40 三個小花心頂端上膠沾花
粉。

41 三個小花心沾花粉完成。

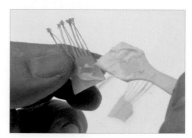

42 小花心下方上膠。

43 捏皺花心下方黏集中，花
絲有向外開的感覺。

44 捏過的三個小花心。

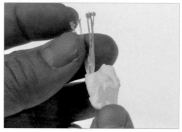

45 捏過的小花心下方上膠。

46 貼在花朵下方。

47 平均貼上三個小花心。

48 三個大花瓣噴微潤。

49 參照步驟 16-27，摺拗花瓣。

50 圓球棒改用更大的 24、
26、28mm 來壓。

51 三個大花瓣定型完成。

52 原先的小花瓣背部上膠。

53 依序套入三片大花瓣黏貼固定。

54 將花朵置於中指及無名指中間調整花型。

◆ 花苞及花萼製作（花苞細節請參考花苞製作）

55 花朵定型完成。

56 將斜剪 1/2 蓮草紙跟蓮草屑噴濕潤。

57 捲製花苞，請參考花苞製作（P.16）。

58 茶花花萼在花下面呈現半圓球狀，將條狀餐巾紙上膠。

59 捲黏在花朵下方。

60 要注意紙不能往鐵絲上纏繞，需要多往花瓣上貼才會有半圓球狀。

61 半圓球尺寸大約跟花苞下半部一樣大。

62 將淺橄欖綠大蓮草花萼噴微潤。

63 用 12mm 圓球棒壓外圍五個圓定型。

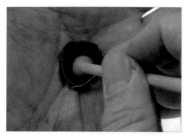

64 用更小的圓球棒壓其他花萼定型，中間可再壓凹。

65 花萼定型完畢。

66 將花苞下半部上膠。

67 套入大花萼。

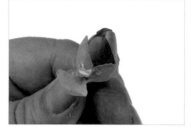

68 要完全黏緊，若有花萼黏不上就塗膠再黏上去。

69 依此程序再黏上中花萼。

70 黏上小花萼。

71 花苞的花萼完成。

72 花朵下方的半圓球塗上膠。

73 套入大花萼。

74 黏上大花萼。

75 黏上中花萼。

◇ 葉子製作（細節請參考葉子製作）

76 黏上小花萼完成。

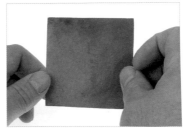

77 正方形的棉紙。

78 對折。

79 再對折，從摺合端點第一刀較深，小弧度剪鋸齒到對面中間。

80 剪一下左手抽一下就形成鋸齒，邊拉鋸齒邊向側面正中間剪。

81 轉剪出 1/4 圓弧，鋸齒到一半即可，最後可不加鋸齒，留下約 0.2cm 寬的葉柄。

82 剪下的半葉型。

83 打開即為兩張葉子。

84 重複步驟 77-83，剪出八張葉子。

85 將鐵絲均勻塗上膠，貼在葉子中間，上方距離葉尖約 1cm。

86 對折。

87 對折後迅速用指甲尖順著鐵絲壓緊。

88 兩面壓緊後馬上打開，將鐵絲藏在中間。

89 將葉子中間壓平，順便抹去溢膠。

90 貼鐵絲完成。

91 貼完八張葉子。

92 用葉模壓出葉脈。

93 或用乾掉的原子筆、竹木籤或剪刀刀背在薄軟墊上畫出葉脈。

◇組合

94 每組花需準備至少八片葉子。

95 花朵下的莖桿用咖啡色造花膠帶纏黏上去，注意需要拉扯造花膠帶才有黏性。

96 將葉柄稍微彎曲。

97 約 1.5cm 處開始黏葉子正面朝上，造花膠帶要黏在葉柄紙的部分，不能只黏在鐵絲上。

98 相對第一葉再加一葉，也可平均 120 度用三個葉子拱著花。

99 一段距離再加一片葉子，可以交錯。

100 加第四片葉子完成。

101 花苞加葉子的方式相同，但葉子距離花苞可以更近。

102 花苞加葉子完成。

103 可將大花及花苞組合在一起。

104 注意莖桿會合處不要只纏繞固定，宜將造花膠帶跨越交接處繼續纏繞較為美觀。

105 繼續纏到底。

106 茶花組合完成。

107 另一個角度。

Flower

/

05

花語

親切、清純、質樸、自然、純潔

茉莉

◆ 工具材料 Tool & Material

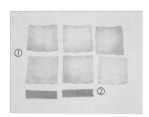

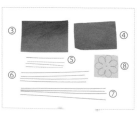

紙材
　① 乳白色蓮草紙 6 張
　② 黃綠色蓮草紙 2 張（2.25×9cm）
　③ 綠色棉紙 1 張（7.5×11cm）
　④ 綠色棉紙 1 張（6×10cm）

鐵絲
　⑤ 26 號造花鐵絲 4 支（7.2cm）
　⑥ 22 號造花鐵絲 4 支（12cm）
　⑦ 22 號造花鐵絲 4 支（18cm）

其他
　⑧ 茉莉紙型 1 張

◆ 紙 型 Paper type

◇ 花瓣及花苞製作

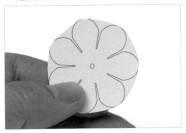

1 剪下花瓣紙型，先剪外圍。

2 再剪小細節，記得花瓣中間剪一直線進去就好，不用跟著線條剪。

3 剪好用錐子或小剪刀在中心鑽個小洞，可放在 PE 軟墊上比較好戳洞。

4 四張蓮草紙用來剪花瓣，另兩張可選較黃的用來做花苞，剪花瓣的一張蓮草紙噴濕潤。

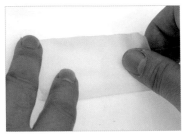

5 對折。

6 再對折成正方形。

7 將紙型放在中間。

8 用牙籤插在中心可防紙蓮草紙不小心移位。

9 同樣先剪外圍。

10 再剪小細節完成。

11 四張剪好共有十六張小花瓣。

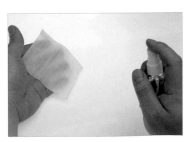

12 製作花苞的兩張蓮草紙噴濕潤。

13 對角斜剪。

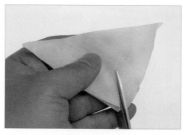

14 兩個三角疊起來再斜剪。

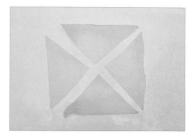

15 一張蓪草紙剪為四個三角形。

16 兩張蓪草紙可得八個三角形。

17 將一些蓪草屑噴濕潤揉捏成約 1.2cm 直徑的紙團（可用圓球棒比對），將 22 號鐵絲略凸出約 1.2cm 置於其上。

18 扣壓緊鐵絲另取蓪草屑蓋住紙團外露的鐵絲。

19 紙團捏緊橫置於三角形的中間偏右。

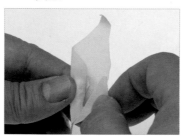

20 蓪草紙下緣向上捲曲包覆紙團，拿起捲好的組合，將下方蓪草紙向上提，夾入紙捲中。

21 若紙張較乾容易裂開，宜再噴水濕潤。

22 捏住上端在紙團上緣扭轉兩圈再放下。

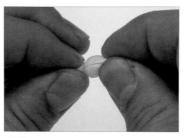

23 上端捏尖，下端向上擠成微胖的水滴形。

24 用 QQ 線纏繞於花苞下緣，繞緊約四圈後用力扯斷即可固定。

25 做好的花苞。

26 重複步驟 17-25，共需完成八個花苞。

27 花瓣噴微潤後用直徑 10mm 的圓球棒壓七個小花瓣為半球窩型。

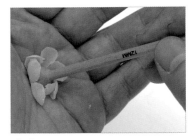

28 再用 12mm 圓球棒壓中間讓花瓣整體縮小。

29 掌心微曲圓球棒旋轉再以手指頭為輔助輕壓可讓花瓣縮小。

30 第一層花瓣套進花苞。

31 若花苞上有多餘線材或蓪草紙殘料可先行剪除或捏順。

32 花苞上塗膠。

33 將花瓣黏在花苞上，可先黏對角四個小花瓣，若剩餘三個花瓣黏不上，可以先上膠再捏黏上去。

34 第二層花瓣同樣用 10mm 的圓球棒壓七個小花瓣後用 12mm 圓球棒壓中間讓花瓣整體縮小。

35 第一層花瓣外面上膠，上面約 1/4 高度不用塗膠。

36 第二層花瓣套進去。

37 用虎口微握，旋轉鐵絲讓花瓣黏貼更順，花型更漂亮。

38 第三層花瓣同樣用 10mm 的圓球棒壓七個小花瓣後用 14mm 圓球棒壓中間讓花瓣整體縮小。

39 第二層花瓣外面上膠，上面約 1/3 高度不用塗膠。

40 第三層花瓣套進去，同上述動作黏貼花瓣。

41 同上述動作，第四層中間用 16mm 壓，第五層用 18mm 壓，第六層用 20mm 壓。

42 上膠位置越來越低，會讓後面幾片花瓣感覺較開。

43 套入第六層花瓣後可用鑷子或牙籤撥動小花瓣調整花型。

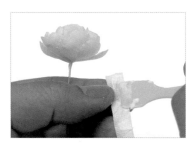

44 餐巾紙裁成約 1.2cm 長條並塗膠。

45 纏黏在花朵下方至直徑約 0.5 ～ 0.6cm，長度約 1.8cm。

46 取出剪剩的蓪草紙殘料，剪約寬 1.5cm。

47 剪約寬 1.5cm，長 2.2cm 的蓪草紙片。

48 蓪草紙片上膠。

49 黏在花瓣下包覆餐巾紙。

50 黏緊完全包覆餐巾紙。

51 黃綠色蓮草紙噴濕潤。

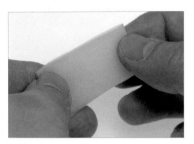

52 對折。

53 再對折。

54 兩邊摺疊處剪開約一半深。

55 交叉斜剪出八個尖型，深度約為一半。

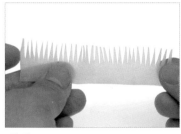

56 打開形成三十二個尖型。

57 六個尖型為一段剪下來。

58 剪下來的花萼。

59 參考圖中的拿法，用木棒或竹籤將尖型壓彎，同時用左手拇指頂住下半段壓出摺痕。

60 壓好的花萼。

61 在下半部上膠。

62 花萼捲黏在花的下緣,可用小鑷子或牙籤調整花萼曲度。

63 黏好的花萼。

◇ 葉子製作(細節請參考葉子製作)

64 待膠較乾時捲上細造花膠帶,依上述製程可製作不同花瓣數量的大小花朵跟花苞,共做八個。

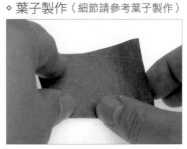

65 長方形的棉紙對折。

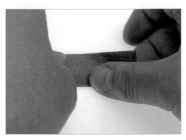

66 再對折。

67 從摺合端點小弧度剪到對面中間。

68 再轉圓弧留下約 0.15cm 處往上剪留下葉柄。

69 剪下的半葉型。

70 打開有兩片葉子。

71 共需剪四片葉子,加上鐵絲(細節請參考葉子製作 P.19),用茉莉葉模壓出葉脈。

72 四片葉子葉脈完成。

◇ 組合

73 將兩朵花或花苞用造花膠
帶接合起來。

74 注意莖桿會合處不要只纏
繞固定，宜將造花膠帶跨
越交接處繼續纏繞較為美
觀。

75 再加入第三朵花或花苞。

76 再加入第四朵花或花苞。

77 加入一片葉子。

78 加入第二片葉子。

79 組合另外一組四花兩葉。

80 組合完成。

Flower

／

06

爽朗、永遠快樂

波斯菊

◆ 工具材料 Tool & Material

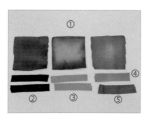

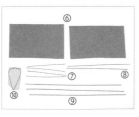

紙材
① 各色蓮草紙 3 張
② 紅紫色蓮草紙 2 張（2.25×9cm）
③ 黃色蓮草紙 2 張（1.8×9cm）
④ 黃綠色蓮草紙 1 張（2.25×9cm）
⑤ 橄欖綠蓮草紙 1 張（2.25×9cm）
⑥ 綠色棉紙 2 張（7.5×11cm）

鐵絲
⑦ 26 號造花鐵絲 4 支（7.2cm）
⑧ 22 號造花鐵絲 2 支（12cm）
⑨ 22 號造花鐵絲 3 支（24cm）

其他
⑩ 波斯菊紙型 1 張

◆ 紙型 Paper type

◆ 步驟説明 *Step by step*

◇ 花瓣製作

1 一張蓪草紙噴濕潤。

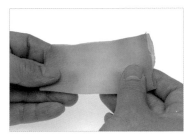

2 對折。

3 再對折成正方形。

4 將紙型放靠一邊,注意此時蓪草紙的細紋需要是水平方向。

5 依紙型剪下花型。

6 此時若剪刀不夠尖銳,前方花型細節將不容易剪漂亮。

7 可將紙型後退約 0.1 ~ 0.15cm。

8 此時較容易剪出細節。

9 再剪另一邊,一張紙可剪下八張小花瓣。

10 微潤小花瓣,用大型木製壓紋工具在薄軟墊上順邊緣輕壓花瓣兩側使其產生紋路。

11 壓好兩側的小花瓣。

12 壓紋工具頂端壓住小花瓣中間上緣。

13 往下壓並拉出明顯紋路，讓前端自然向上翹起，不要再用手將其壓平。

14 重複步驟 10-13，壓好八片花瓣，若有漸層色，維持深色那端在花瓣前緣為佳。

◇ 花心製作

15 將黃色蓮草紙噴濕潤。

16 對折。

17 再對折。

18 兩邊摺疊處剪開約一半深。

19 依序剪出約 0.1cm 寬，深度約一半的長條狀。

20 打開來平分為兩段。

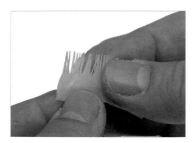

21 趁紙還有些濕潤捏住幾條花絲，左右轉一下加壓就可以變更細，若紙太乾捻不動，可噴些水在桌上，手指沾些水再捻。

22 紫紅色也依照以上程序捻出花心。

23 捻好的四條花心。另兩條黃色與紫紅花心可嘗試不同的長度變化，如黃色用2/3條，紫紅色也用2/3條，其他 1/3 條小段用接的。

24 將黃色花絲前端沾膠。

25 花絲前端沾花粉。

26 將紫紅色花絲前端沾膠。

27 花絲前端沾花粉。

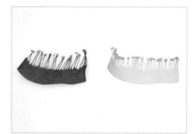

28 完成兩段花絲。

29 將 22 號的細鐵絲前端約 1cm 折彎，勾住黃色第二或第三條花絲中間並加壓。

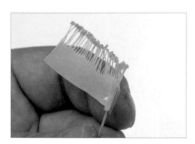

30 讓鐵絲夾住花心。

31 將花心下半部上膠。

32 將黃色花心捲黏起來。

33 後面約 1.5cm 處接上紫紅色花心，花絲略高於黃色花心約 0.1 ～ 0.2cm。

34 紫紅色花心下半部上膠。

35 繼續捲黏起來。

36 捲好的花心。

37 用 QQ 線在中間纏繞。

38 稍用力束緊會發現花絲向外打開。

◇ 花瓣組合

39 若效果非如預期可用牙籤或鐵絲將花絲整理撥開。

40 花瓣下端上膠。

41 貼在花心下半部。

42 第二片花瓣貼在第一片對面。

43 第三片與第四片花瓣貼在中間,讓四片花瓣呈現十字狀。

44 四片花瓣黏貼完成,要將花瓣角度調到一致後續才不會亂。

45 第五片花瓣貼在小花瓣中間的下方。

46 繼續上膠貼完其他三片,若想花瓣排列較整齊,可在上膠時在小花瓣兩邊中間也上膠,如此可以整齊黏在第一層花瓣的中間。

47 若沒上膠在第二層小花瓣兩邊中間，花朵將呈現花瓣較自由的亂狀。

48 也可以再點膠黏整齊。

◇ 花萼製作

49 餐巾紙裁成約 1.2cm 寬的長條並塗膠。

50 纏黏在花朵下方至直徑約 0.6 ～ 0.8cm，長度約 1cm。

51 黃綠色蓪草紙噴濕潤。

52 對折。

53 再對折。

54 兩邊摺疊處剪開約 1/3 深。

55 交叉斜剪出七個尖型，深度約為 1/3。

56 打開形成二十八個尖型。

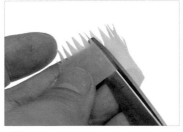

57 七個尖型為一段剪下來。

58 在下半部上膠。

59 花萼捲黏在花的下緣。

60 第一層花萼完成。

61 橄欖綠蓮草紙噴濕潤。

62 對折。

63 再對折。

64 兩邊摺疊處剪開約一半深。

65 交叉斜剪出約十個尖型，
深度約為一半。

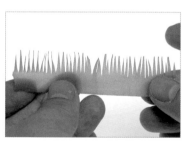

66 打開形成四十個尖型。

67 十個尖型為一段剪下來。

68 參考圖中的拿法，用木棒
或竹籤將尖型壓彎，同時
左手拇指頂住下半段壓出
摺痕。

69 在花萼下半部上膠。

70 花萼捲黏在第一層花萼的
下緣。

76

◇ 葉子製作

71 花萼組裝完成。

72 待膠較乾時捲上造花膠帶。

73 長方形的棉紙。

74 對折。

75 再對折。

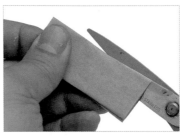

76 兩側剪開 3/4。

77 交叉斜剪出細針葉狀，盡量越細越好。

78 剪出兩張綠色綿紙。

79 各分為三段，共有六段針狀葉。

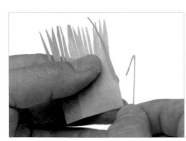

80 26號鐵絲前端約1.5cm 折彎。

81 勾住第二根針葉狀葉子。

82 壓緊夾起來。

83 葉子下方上膠。

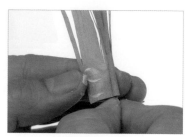

84 邊捲邊黏起來。

85 用牙籤將葉子撥開。

86 共製作六組葉子。（註：需用 22 號短鐵絲和 26 號鐵絲分別做出長度不同的葉子。）

87 其中一組較長的葉子下方纏上造花膠帶。

88 組合另一組較短的葉子。

◇ 組合

89 組合第三組葉子。

90 三組葉子組合完成後，重複步驟 80-90，完成另外三組的組合。

91 將葉子用造花膠帶組合在花朵的下方。

92 共有三朵花兩串葉子可依需求自行組裝。

Flower

07

玫瑰

花語　熱戀、熱情、真誠的愛、真心真意

◆ 工具材料 *Tool & Material*

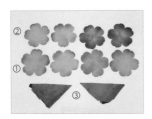

紙材
① 蓪草玫瑰小花瓣 4 張
② 蓪草玫瑰大花瓣 4 張
③ 蓪草紙斜剪 1 張（9×9cm）
④ 綠色棉紙 3 張（7.5×7.5cm）
⑤ 綠色棉紙 2 張（6×6cm）

鐵絲
⑥ 26 號造花鐵絲 8 支（7.2cm）
⑦ 22 號造花鐵絲 2 支（12cm）
⑧ 18 號造花鐵絲 1 支（19cm）
⑨ 18 號造花鐵絲 1 支（25cm）

◆ 紙型 *Paper type*

◆ 步驟説明 *Step by step*

◇ 花苞製作（細節請參考花苞製作）

1 將蓮草紙斜剪出 1/2 張，三角形直角端對著自己。

2 將 1/2 張蓮草紙、蓮草屑噴濕潤。

3 將蓮草屑揉捏成約大拇指一節大小，將鐵絲略凸出約 1cm 置於其上。

4 彎曲鐵絲前緣以緊扣住蓮草紙團。

5 完全扣緊的紙團。

6 另取蓮草屑蓋住紙團外露的鐵絲，紙團捏緊橫置於三角形的中間偏右。

7 蔺草紙下緣向上捲曲包覆紙團。

8 繼續捲曲將紙團包住。

9 拿起捲好的組合。

10 將下方蔺草紙向上提,夾入紙捲中。

11 捏住上端。

12 在紙團上緣扭轉兩圈再放下,若紙張較乾容易裂開,扭轉前宜再噴水濕潤。

13 在紙團上緣轉兩圈再放下,可挑選有裂痕或顏色不均處蓋住缺陷。

14 上端捏尖,下端向上擠成微胖的水滴形。

15 捏好成為含苞待放的形態。

16 用 QQ 線纏繞於花苞下緣。

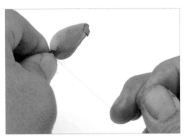

17 繞緊約四圈後用力扯斷即可固定。

18 固定好的花苞。

19 剪除下方多餘的蓪草紙。

20 花苞完成。

21 重複步驟 1-20，完成另一個花苞。

◇ 花瓣製作

22 一張蓪草小花瓣噴濕潤。

23 將小花瓣沿直線剪到中心。

24 成為五個愛心型小花瓣。

25 一片小花瓣整面上膠。

26 小花瓣貼在花苞上，頂端比花苞高約 0.2cm。

27 尖端先完全黏緊。

28 整面完全貼附在花苞上。

29 第二片花瓣整面上膠。

30 與第一片同高，完全貼附在第一片對面。

31 第三、四、五片花瓣上膠在右半部及下方。

32 第三片花瓣與第二片花瓣同高，貼在第二片花瓣對面，未沾膠處先保持懸空。

33 下一片花瓣插入前一片花瓣右側，有部分重疊。

34 第三、四、五片花瓣貼附後呈現有三片花瓣懸空狀態。

35 將懸空部分內側上膠，注意上角保留一些不上膠。

36 按壓花瓣確實貼牢。

37 至此步驟即可當花苞使用，製作另外一顆花苞進行後續花瓣製作。

38 小花瓣噴微潤後順直線再剪深一半。

39 用 22mm 圓球棒將每片花瓣定型。

40 用 24mm 圓球棒在正中間壓成球型，稍稍逆時針轉並調整每片花瓣均勻重疊。

41 花苞塗膠，上端留約 0.2cm 不用上膠。

42 套入第二層小花瓣。

43 稍稍逆時針轉並用虎口調整讓花瓣不要太開。

44 若有花瓣貼不緊，可於內側上點膠貼緊。

45 第三層小花瓣用 24mm 圓球棒將每片花瓣定型。

46 翻轉用捲邊燙器（若無捲邊燙器可用牙線棒取代）在軟墊上輕壓出捲邊效果，注意左手手指拿捏位置，不要破壞前階段製作的窩型跟捲邊。

47 花瓣中間用 24mm 圓球棒壓成球型。

48 壓好的第三層小花瓣。

49 第二層花瓣外上膠，約為下方 2/3 範圍。

50 套入第三層花瓣。

51 用虎口微握調整花型。

52 第四層開始改用大花瓣，微潤後用 26mm 圓球棒將每片花瓣定型。

53 中間用 26mm 圓球棒壓成球型。

54 第三層花瓣外上膠，約為下方一半範圍，套入第四層花瓣，注意每層小花瓣要交錯。

55 第五層花瓣同第四層處理，貼附整理後如此圖。

56 第六層與第七層微潤後用 26mm 圓球棒將每片花瓣定型，捲邊改用竹籤捲曲，中間改用 28mm 壓。

◇ 花萼製作

57 上膠位置約為下方 1/3 範圍，七層花瓣都套入後，將花置於左手中指及無名指中間調整花形，盛開的玫瑰花瓣部分完成。

58 由側面看。

59 玫瑰的花朵下方有凸出的子房及萼筒，用餐巾紙剪成條狀後上膠纏黏於花下。

60 黏貼後開始纏繞黏貼。

61 萼筒完成約為錐狀，如圖所示。

62 花苞下方也有萼筒，同樣用餐巾紙剪成條狀後上膠纏黏。

63 花苞的萼筒完成。

64 7.5×7.5cm 綠色棉紙一張，咖啡色朝右。

65 以左上角為中心，做出五等份摺邊。先將左下角往上摺，讓下方角度約為上方的兩倍。

66 再以左上角為中心將下方對折，此時下方跟上方角度約為相等。

67 將上方向後摺結果如圖。

68 以最短摺邊為準從右側中心剪圓弧到上端中心。

69 轉180度從原來的上端中心剪圓弧到另一側的中心。

70 兩側剪出缺口及鬚狀。

71 打開有五個萼片，若長短深淺不齊可再修剪。

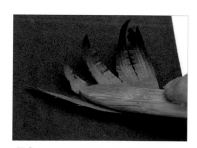

72 用小木壓紋工具將萼片壓出紋路及曲度。

73 萼片尖端可再用手指摺捏更尖。

74 花萼彎曲向外，下半部上膠，萼片不上膠。

75 將花萼下半部貼在萼筒上。

76 五個萼片調整角度平均分配，可用指甲尖或竹籤在萼筒上方擠壓出整圈凹痕。

77 花朵的花萼完成。

78 花苞的花萼彎曲向內，下半部上膠，萼片上一小段膠。

79 五個萼片調整角度平均分配貼在花苞上。

80 用指甲尖或竹籤在萼筒上方擠壓出整圈凹痕。

81 待膠乾後，用綠色造花膠帶纏黏於花莖上至一半高度，花苞也需纏黏造花膠帶。

◆ 葉子製作（細節請參考葉子製作）

82 正方形的棉紙對折再對折後從摺合端點開始剪，玫瑰葉型跟茶花類似但第一刀不用太深。

83 小弧度剪鋸齒到對面中間。

84 轉剪出 1/4 圓弧,鋸齒到一半即可,最後可不加鋸齒,留下約 0.2cm 寬的葉柄。

85 製作四大四小的葉子。(註:葉子製作可參考 P.18。)

86 玫瑰葉子是一片大葉在前,後有小葉對生。先將一個大葉子用造花膠帶纏在 22 號鐵絲上,再纏一段距離後加上兩片較小的葉子,葉尖高度約在大葉的中間。

87 製作一個五葉,一個三葉的組合。

◇ 組合

88 將相對的葉子打開。

89 五葉組合完成。

90 花朵下的莖桿及葉子用綠色造花膠帶組合在一起。

91 一段距離後組合花苞,再組合另一組葉子。

92 組合完成。

Flower

08

櫻花

花語 熱烈、生命、高尚、幸福

◆ 工具材料 Tool & Material

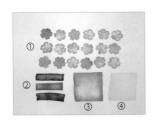

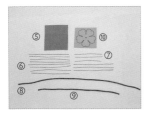

紙材
  ① 蓮草櫻花花瓣 18 張
  ② 紫紅至橄欖綠漸層蓮草紙
    3 張（2.25×9cm）
  ③ 淺紅漸層蓮草紙 1 張
  ④ 黃色蓮草紙 1 張
  ⑤ 綠色棉紙 1 張（6×6cm）

鐵絲
  ⑥ 26 號造花鐵絲 11 支（9cm）
  ⑦ 26 號造花鐵絲 3 支（7.2 cm）
  ⑧ 18 號造花鐵絲 1 支（25cm）
  ⑨ 18 號造花鐵絲 1 支（16cm）

其他
  ⑩ 櫻花紙型一張（非必要）

◆ 紙型 Paper type

◆ 步驟說明 Step by step

◇ 花瓣製作（細節請參考花瓣製作）

1 將三張櫻花花瓣噴微潤。

2 三張花瓣完全重疊。

3 完全重疊後，左邊呈現為一半的小花瓣。

4 以中心為準將右側小花瓣往內摺。

5 將左側一半的花瓣往後摺。

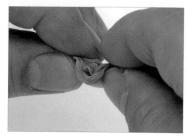

6 中間向下拗。

7 再將花瓣兩側向下拗成 M型，不必過度擠壓。

8 將花瓣小心打開。

9 將三張分開，其中一張用直徑 12mm 的圓球棒在中心壓凹，並可用手指將花瓣向內壓。

10 第二張花瓣用直徑 16mm的圓球棒在中心壓凹。

11 第二張花瓣用直徑 20mm的圓球棒在中心壓凹。

12 做好三張不同開放程度的花瓣，依此程序完成十八張花瓣。

◇ 花心製作

13 黃色蓪草紙一張。

14 用小噴罐噴濕潤。

15 順著蓪草紙的小細紋對折
並剪開。

16 再對折一次。

17 再剪開一次，成為四張條
狀蓪草紙。

18 取其中一條對折。

19 再對折。

20 兩邊摺合處剪開一半。

21 依序剪出約 0.1cm 寬，深
度約超過一半的長條狀。

22 將整條分為兩半。

23 趁紙還有些濕潤捏住幾條
花絲，左右轉一下加壓就
可以變更細。

24 若紙太乾捻不動，可噴些
水在桌上，手指沾些水再
捻。

25 捻過後有些花絲會打結或歪斜，需要向上梳順一下。

26 梳順時，要小心不要太用力，以免拉斷花絲。

27 在第二或第三條花絲中間剪深一點點。

28 將 26 號的細鐵絲前端約 1cm 折彎。

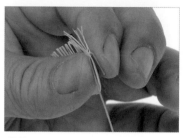

29 勾住剪深的地方並加壓。

30 讓鐵絲夾住花心。

31 將白膠點在花絲下緣及兩端，注意下半部只在兩端有膠。

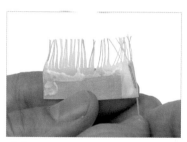

32 將花心捲黏起來。

33 捲好的花心。

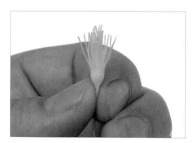

34 將花心的下半部捏細。

35 捏好的花心。

36 用鐵絲將花絲整理撥開。

37 將花絲前端沾膠。

38 花絲前端沾花粉。

39 花心完成，依此程序完成八個花心。

◇ 花心及花瓣組合

40 花心下半部上膠。

41 套入小花瓣。

42 花瓣跟花心頂端約為同高，注意黃色花心需穿過花瓣中心。

43 小花瓣外側上膠。

44 套入中花瓣。

45 中花瓣外側上膠。

◇ 花萼製作

46 套入大花瓣。

47 可將花莖置於中指及無名指中間，手掌及指頭微曲壓住花朵並邊轉邊壓，可將花型調整更漂亮。

48 將條狀餐巾紙上膠。

93

49 捲黏在花朵下方。

50 捲至直徑約 0.3 ～ 0.4cm 即可。

51 紫紅至橄欖綠漸層蕥草紙噴濕潤。

52 對折。

53 右邊摺過來讓長度跟左邊相等。

54 左邊向後摺，此時蕥草紙已分為六等份。

55 剪紅紫色端，交叉斜剪出五個尖型，深度約接近一半。

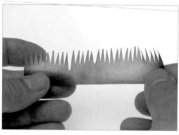

56 打開來呈現三十個尖型。

57 分為六等份，每一段有五個尖型。

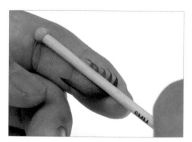

58 用 6mm 圓球棒或竹籤將尖型壓彎曲。

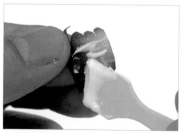

59 彎曲面向外，在下半部上膠。

60 黏貼在花朵下方。

61 使五個尖型角度平均分配，餐巾紙不要外露。

62 黏好花萼的花朵。

63 待膠乾後，用細造花膠帶纏黏在鐵絲上。不可用一般寬的造花膠帶纏繞鐵絲，那會顯得太粗糙。

◇ 花苞製作（細節請參考花苞製作）

64 若無細造花膠帶可取下一段寬造花膠帶，對折再對折後從中間剪開就可以用。

65 細造花膠帶纏到下方留約1.5cm 不用纏。

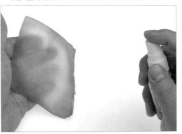

66 製作花苞的蓮草紙噴濕潤。

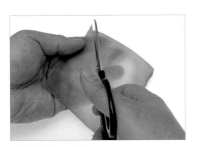

67 對角斜剪。

68 兩個三角疊起來再斜剪。

69 一張蓮草紙剪為四個三角形。

70 參考花苞製作（P.16）完成花苞。

71 花苞下參照步驟 48-50，用餐巾紙做出萼筒。

72 重複步驟 58-61，參考上一段將花萼黏上去。

73 花苞整個上膠，套入一片
成型的花瓣。

74 可做成剛開的小花。

75 由左至右為小花、大花、
花苞。

◆ 葉子製作（細節請參考葉子製作）

76 正方形的棉紙。

77 左邊向右摺使左右寬度約
相等。

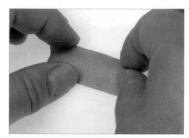

78 右邊向後摺，此時棉紙摺
為三等份。

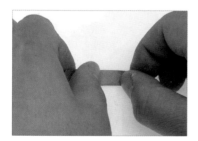

79 再對折。

80 從摺合端點下刀。

81 小弧度剪鋸齒到對面 1/3
處。

82 繼續剪弧度鋸齒到一半即
可，留下約 0.2cm 寬的葉
柄。

83 打開有三片葉子。

84 參考葉子製作（P.19）貼上
鐵絲。

◇ 組合

85 在薄軟墊上用竹籤畫出葉脈。

86 取三朵花或花苞捏住下方，用咖啡色或橄欖綠色造花膠帶纏繞組合。

87 組合完成。

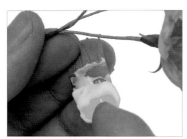

88 取一花萼下方上膠。

89 黏貼在三個花梗接合的地方。

90 依上述程序三個三個一組組合成四組花與花苞。

91 加上三片葉子備料完成。

92 18 號粗鐵絲纏上咖啡色造花膠帶。

93 一小段後組上一組花與花苞。

94 加上葉子。

95 再加一組花與花苞。

96 交接處要將造花膠帶跨越中間再繼續纏，會較為美觀。

97 再加一片葉子。

98 另一段短的粗鐵絲也參照
上述程序組合兩組花及一
片葉子。

99 兩段枝幹組合前可先將鐵
絲折彎。

100 纏繞跨越交接處再繼續
纏。

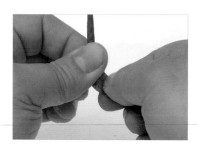

101 纏黏到底。

102 調整花姿,正常櫻花花面
會向下開放,盡量將花與
花苞的花梗往下彎曲。

103 櫻花組合完成。

Flower

/

09

花語　深愛著你

迷你玫瑰

◆ 工具材料 Tool & Material

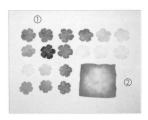

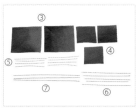

紙材
① 蓪草迷你玫瑰花瓣 18 張
② 淺紅漸層蓪草紙 1 張
③ 綠色棉紙 2 張（8×8cm）
④ 綠色棉紙 3 張（5×5cm）

鐵絲
⑤ 26 號造花鐵絲 8 支（7.2cm）
⑥ 22 號造花鐵絲 5 支（12cm）
⑦ 22 號造花鐵絲 3 支（18cm）

◆ 紙型 Paper type

◇ 花苞及花瓣製作（細節請參考花苞製作及花瓣製作）

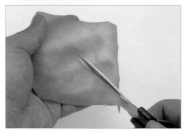

1 漸層蒲草紙噴濕潤後斜剪一半。

2 疊整齊再剪一半。

3 再疊整齊再剪一半。

4 成為八個小三角形。

5 參考花苞製作（P.16）用 22 號鐵絲製作六個小花苞。

6 將一張花瓣噴微潤。

7 順直線再剪深一半。

8 用直徑 10mm 的圓球棒壓五個小瓣為半球窩型。

9 五個小瓣定型。

10 再用 12mm 圓球棒壓中間讓花瓣整體縮小。

11 另一張花瓣同樣製作方式但不用剪深。

12 左為剪深過的第一層花瓣，右為第二層。

13 花苞上膠，套入第一層花瓣。

14 虎口微握將花瓣縮小黏緊。

15 若有未上膠處，黏不緊者可再塗膠黏緊。

16 用指頭壓緊花瓣。

17 第一層花瓣外面上膠，上面約 1/4 高度不用塗膠。

18 第二層花瓣套進去。

19 用虎口微握，旋轉鐵絲讓花瓣黏貼更順，花型更漂亮。

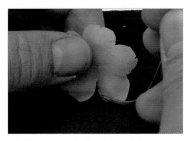

20 第三層花瓣同樣用 10mm 的圓球棒壓五個小瓣後翻轉，用捲邊工具在軟墊上壓出捲邊。

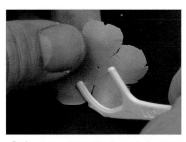

21 若無專用捲邊工具也可用牙線棒壓捲邊，注意左手握持位置不要破壞窩型及捲邊。

22 翻正面用 14mm 圓球棒壓中心，圓球棒微向逆時針旋轉。

23 可將小瓣調整為右側花瓣依序壓左側，再用圓球棒壓，整體會更嚴謹更漂亮。

24 第二層花瓣外面上膠，上面約 1/3 高度不用塗膠。

25 第三層花瓣套進去黏好，
注意小花瓣要交錯。

26 第四層花瓣正面用 16mm
圓球棒壓中心。

27 第三層花瓣外面上膠，上
面約一半高度不用塗膠。

28 第四層花瓣套進去黏好，
注意小瓣要交錯。

29 第五層花瓣正面用 18mm
圓球棒壓中心。

30 第四層花瓣外面上膠，上
面約一半高度不用塗膠。

◦ 花萼製作

31 第五層花瓣套進去黏好，
可將花莖置於中指及無名
指中間，將花型調整更漂
亮，注意各層花瓣有做深
淺顏色變化將更生動。

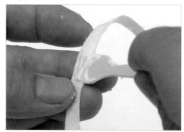

32 將條狀餐巾紙上膠。

33 捲黏在花朵下方。

34 捲至直徑約 0.4cm 左右即可。

35 將 8×8cm 綠棉紙對折。

36 再對折成正方形。

37 從摺合處剪開。

38 成為兩張長方形。

39 其中一張對折後斜摺為三角形。

40 長邊用另一張比對長度剪圓弧。

41 剪好的棉紙。

42 圓弧端交叉斜剪。

43 平均剪出五個尖型。

44 每個尖型剪幾個鬚狀。

45 剪出的整疊花萼。

46 打開有二十個尖型。

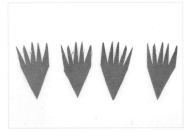

47 平均剪為四片。

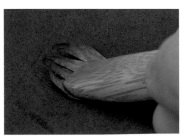

48 用小木壓紋工具將萼片壓出紋路及曲度，萼片尖端可再用手指摺捏更尖。

49 花萼彎曲向外，下半部上膠，萼片不上膠。

50 將花萼下半部貼在萼筒上。

51 五個萼片調整角度平均分配，可用牙籤或竹籤在萼筒上方擠壓出整圈凹痕。

52 套一層花瓣的小花，同樣加上萼筒。可做幾個不同花瓣數的花朵感覺較有變化。

53 完成小花的花萼。

54 小花苞也要加萼筒。

◇ 葉子製作（細節請參考葉子製作）

55 萼片彎曲朝內，萼片也上膠完全黏住小花苞。

56 參考葉子製作（P.18）完成兩大六小的玫瑰葉子。

57 大葉子葉柄纏造花膠帶後組上 22 號鐵絲。

58 再纏一段距離後加上兩片較小的葉子，葉尖高度約在大葉的中間。

59 將葉子打開。

60 製作一組三葉及一組五葉。

◇ 組合

61 等膠乾了後，在所有花莖上纏黏綠色造花膠帶。

62 準備好三花三苞及兩組葉子。

63 二花一苞的組合。

64 二花一苞加上一組葉子。

65 另一組為二苞一花。

66 下端組合在一起。

67 再加另一組葉子。

68 組合完成。

Flowei

/

10

杜鵑

花語　永遠屬於你、溫暖、為了我

保重你自己

◆ **工具材料** *Tool & Material*

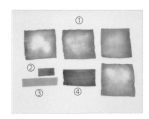

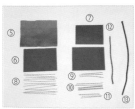

紙材

① 淺紅漸層蓪草紙 4 張
② 咖啡色蓪草紙 1 張（2.25×4.5cm）
③ 黃綠色蓪草紙 1 張（2.25×9cm）
④ 紅紫色蓪草紙 1 張（4.5×9cm）
⑤ 綠色棉紙 1 張（8×10.6cm）
⑥ 綠色棉紙 1 張（6×8cm）
⑦ 綠色棉紙 2 張（7×9.3cm）

鐵絲

⑧ 26 號造花鐵絲 12 支（9cm）
⑨ 30 號紅色造花鐵絲 3 支（7.2 cm）
⑩ 22 號造花鐵絲 6 支（7.2cm）
⑪ 26 號造花鐵絲 4 支（6cm）
⑫ 18 號造花鐵絲 1 支（15cm）
⑬ 16 號造花鐵絲 1 支（22cm）

◆ 紙型 *Paper type*

◆ 步驟說明 *Step by step*

◇ 花瓣製作

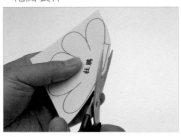

1 剪紙型。

2 剪好的紙型，記住直線也要剪進去。

3 漸層蓮草紙噴濕潤。

4 三張蓮草紙重疊後，將紙型斜放在中間。

5 依照紙型剪蓮草紙。

6 剪好三張花瓣。

7 用麥克筆點繪蜜標,注意要用點的,不要用畫的以免損傷花瓣。

8 點好的蜜標,中間較密。

9 將花瓣噴微潤。

10 花瓣放在薄軟墊上,背面朝上,用小木壓紋工具在每個小瓣上壓出紋路。

11 轉正面,將軟墊放凸出桌緣,用銅線壓出每個小瓣中間壓出深的花脈。

12 也可用防撞軟墊貼在桌緣壓出深的花脈,小心壓的時候用銅線壓,手指頭不要壓到花以免拉破。

13 若有不小心裂開的地方可用牙籤小心在裂開處兩端面上膠。

14 壓黏起來即可。

15 壓好的花瓣。

16 用工具在中間捲壓。

17 將黏貼處向內摺並塗膠。

18 黏貼處捲黏到另一側外面。

19 成型的花瓣。

20 倒置於桌面以免變型，共需製作三個。

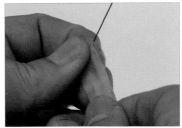

21 將 30 號紅色鐵絲（可用麥克筆塗在白色鐵絲上製作）用綠色造花膠帶跟 7.2cm 的 22 號鐵絲組合。

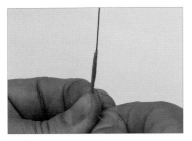

22 組好的鐵絲。

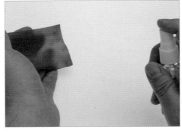

23 紫紅色蒳草紙噴微潤。

24 對折。

25 再對折。

26 兩側接合處剪開約 3/4。

27 依序剪出約 0.2cm 寬，深度約 3/4 的長條狀。

28 打開呈現約四十個花絲，此次剪花絲較一般粗且長，若太細將不易定型。

29 捻花絲。

30 花絲捻完成後，將花心均分為四段，每段約有十條花絲。

31 花絲頂端上膠。

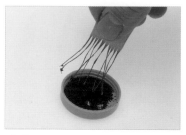

32 沾咖啡色花粉（此處用咖啡渣）。

33 紅色鐵絲頂端上膠。

34 沾黃色花粉。

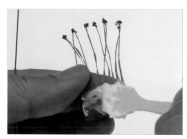

35 紫紅色花心下方上膠。

36 捲黏在紅色鐵絲下端。

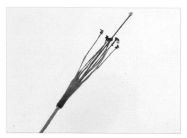

37 此時中間為紅色鐵絲，依照植物構造此為花的雌蕊，外圈較短的花心是雄蕊。

38 將雌蕊前端鐵絲彎曲。

39 彎好的雌蕊向上，雄蕊也稍微向上彎曲。

40 造花膠帶纏到鐵絲下方，留約 2cm 不用纏。

41 雄蕊下方塗膠。

42 插入花瓣中。

43 向下拉使花心與花瓣黏合。

44 將小張綠色蓪草紙噴濕潤。

45 對折。

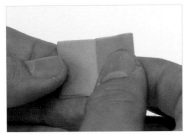

46 右側摺過來約與左側同寬。

47 左側向後摺，此時紙張為平均六等份。

48 交叉剪出五個尖狀花萼片，深度約為一半。

49 剪為六份。

50 下端上膠，尖狀花萼片不必上膠。

51 花萼黏貼於花瓣下端。

◇ 花苞製作（細節請參考花苞製作）

52 製作花苞的蓪草紙噴濕潤。

53 對角斜剪。

54 兩個三角疊起來再斜剪，一張蓪草紙剪為四個三角形。

55 將蓮草屑揉捏成約大拇指一節大小,將 22 號鐵絲略凸出約 1cm 置於其上,彎曲鐵絲前緣以緊扣住蓮草紙團。

56 另取蓮草屑蓋住紙團外露的鐵絲,紙團捏緊橫置於三角形的中間偏右。

57 蓮草紙下緣向上捲曲包覆紙團,拿起捲好的組合,將下方蓮草紙向上提,夾入紙捲中。

58 捏住上端在紙團上緣扭轉兩圈再放下,若紙張較乾容易裂開,扭轉前宜再噴水濕潤。

59 此花苞比一般做的水滴形還要長。注意一開始的紙團就要加長,上端不必刻意捏尖。

60 用 QQ 線纏繞於花苞下緣,繞緊約四圈後用力扯斷即可固定。

61 將花萼黏上去。

62 待膠乾後,纏上造花膠帶。

◆ 葉子製作(細節請參考葉子製作)

63 長方形的棉紙。

64 對折。

65 再對折。

66 再對折。

67 從摺合端點約 0.15cm 處直剪，此為葉柄端。

68 約 1.5cm 後剪大圓弧到側面中間再到頂端。

69 剪下的半葉型。

70 打開有四片葉子。

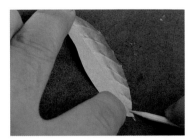

71 參考葉子製作（P.19）貼上鐵絲並用竹籤畫葉脈。

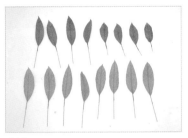

72 共需製作十六片葉子。

◇ 苞片製作

73 小張咖啡色蓪草紙噴濕潤。

74 對折。

75 交叉剪出三個尖狀苞片，深度約為一半。

76 打開有六個尖型。

77 對分為兩個苞片。

78 用小木壓紋工具在薄軟墊上壓出紋路與曲度。

79 兩朵花用造花膠帶組合。

80 再加一個苞，成為二花一
苞的組合。

81 苞片下方上膠。

82 苞片貼在二花一苞的組合
處。

83 製作另一組為二苞一花並
加上苞片。

84 待膠乾後，用咖啡色造花
膠帶纏黏下方。

85 加上約五片葉子。

86 18號長鐵絲纏上咖啡色造
花膠帶。

87 一段距離後加上一組花與
葉。

88 短的18號鐵絲加上六片葉
子後與長鐵絲組合。

89 製作另一組花與葉。

90 將長鐵絲折彎呈現自然的
樹枝樣態，加上另一組花
與葉完成。

Flower

11

花語 沉默的愛、天真無邪、光明

松葉牡丹

◆ 工具材料 Tool & Material

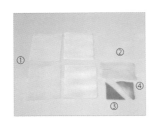

紙材
　① 白色蓮草紙 4 張
　② 黃色蓮草紙 2 張（2.25×9cm）
　③ 黃綠色蓮草紙斜剪 1/8 張
　④ 紅紫漸層色蓮草紙斜剪 1/8 張

鐵絲
　⑤ 22 號造花鐵絲 5 支（18cm）
　⑥ 26 號造花鐵絲 50 支（7.2 cm）

◆ 紙型 Paper type

◆ **步驟說明** *Step by step*

◇ 花瓣製作（細節請參考花瓣製作）

1 請參考花瓣製作（P.12）準備二十個小花瓣。

2 準備紫紅色與紅色兩種直接性染料，並用小勺子加入少許。

3 加入開水溶解染料。

4 在蓪草屑上試顏色。

5 再加水或染料調色。

6 小花瓣噴濕潤。

7 小花瓣放在 PE 墊上，用細的水彩筆沾染料塗在中間。

8 放射狀向外繪染。

9 翻面同樣繼續繪染。

10 單張繪染完成。

11 二十張繪染完成，可嘗試不同深淺色變化。

12 三張小花瓣噴微潤。

13 三張小花瓣完全重疊。

14 完全重疊後，左邊呈現為一半的小花瓣。

15 以中心為準將右側小花瓣往內摺，將左側一半的花瓣往後摺。

16 中間向下拗，再將花瓣兩側向下拗成 M 型，不必過度擠壓。

17 將花瓣小心打開。

18 將三張小花瓣分開，其中一張用直徑 10mm 的圓球棒在中心壓凹，並可用手指將小花瓣向內壓。

19 第二張小花瓣用直徑 12mm 的圓球棒在中心壓凹。

20 第三張小花瓣用直徑 14mm 的圓球棒在中心壓凹。

21 重複步驟 12-17，再拗三張小花瓣。

22 第四張小花瓣用直徑 16mm 的圓球棒在中心壓凹。

23 第五張小花瓣用直徑 18mm 的圓球棒在中心壓凹。

24 第六張小花瓣用直徑 20mm 的圓球棒在中心壓凹。

25 取一張黃色蓪草紙用小噴罐噴濕潤。

26 對折再對折。

27 兩邊摺合處剪開一半。

28 依序剪出約 0.1cm 寬，深度約超過一半的長條狀。

29 趁紙還有些濕潤捏住幾條花絲，左右轉一下加壓就可以變更細。

30 將整條平分為三段。

31 將 26 號的細鐵絲前端約 1cm 折彎，勾住第二或第三條花絲中間並加壓讓鐵絲夾住花心。

32 將白膠點在花絲下緣及兩端，注意下半部只在兩端有膠。

33 將花心捲黏起來。

34 用鐵絲將花絲整理撥開。

35 將花絲前端沾膠。

36 花絲前端沾花粉。

37 花心完成，重複步驟 31-36，完成三個花心。

38 另一長條黃色蓮草紙，重複步驟 25-30，剪為三段後，每小段再剪為三段。

39 將花絲前端沾膠。

◇ 花心及花瓣組合

40 花絲前端沾花粉，完成九小段。

41 花心下半部上膠。

42 套入小花瓣。

43 花瓣跟花心頂端約為同高，注意黃色花心需穿過花瓣中心。

44 第一層小花瓣外側上膠。

45 套入第二層花瓣。

46 平均貼上三小段花心。

47 第二層花瓣及花心外側上膠。

48 套入第三層花瓣。

49 繼續套入第四、五、六層花瓣並黏緊。

50 可將花莖置於虎口,邊轉邊壓可將花型調整更漂亮。

51 膠較乾時用綠色造花膠帶纏黏花莖一小段。

◇ 葉子製作及組合

52 使用26號細鐵絲纏上餐巾紙來模擬。松葉牡丹如同松葉般細的葉子。

53 纏黏到如圖大小即可。

54 纏黏綠色造花膠帶,下面約1.5cm不用纏。

55 共需製作五十個葉子。

56 將葉子彎曲。

57 先彎十個葉子。

58 用綠色造花膠帶將葉子輪流組上去。

59 第一圈先組六個葉子。

60 另外四個葉子輪流組在下面。

61 完成一朵花，共需完成三朵花。

62 製作花苞的黃綠色蓮草紙跟蓮草屑噴濕潤。

63 將蓮草屑揉捏成約小拇指一節大小，將22號鐵絲略凸出約1cm置於其上，彎曲鐵絲前緣以緊扣住蓮草紙團。

64 紙團捏緊橫置於三角形的中間偏右。蓮草紙下緣向上捲曲包覆紙團，拿起捲好的組合，將下方蓮草紙向上提，夾入紙捲中。

65 捏住上端在紙團上緣扭轉兩圈再放下，若紙張較乾容易裂開，扭轉前宜再噴水濕潤。

66 用QQ線纏繞於花苞下緣，繞緊約四圈後用力扯斷即可固定。

67 參照步驟59，第一圈組上六個葉子，苞跟葉的距離比較短。

68 另外四個葉子輪流組在下面。

69 參照步驟62-66，用紅色漸層蓮草紙製作花苞。

70 花苞上膠，套入一層花瓣。

71 黏上相對的花瓣，黏不上的再塗點膠。

72 將花瓣緊黏在花苞上。

73 小花定型。

74 參照步驟 67-68，組十片葉子。

◇組合

75 參照步驟 58-74，準備好三朵花、一小花及一花苞。

76 將兩支花莖彎曲，並用造花膠帶纏繞組合。

77 組上第三支。

78 組上第四支。

79 為求精緻記得花莖組合時造花膠帶要跨越交接處再繼續纏黏，造花膠帶要拉緊才有黏性。

80 組上第五支。

81 組合完成。

Flower

/

12

—

花語 純潔、幸福、清新

小蒼蘭

◆ 工具材料 *Tool & Material*

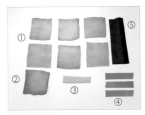

紙材

① 黃色蓪草紙 6 張

② 黃綠漸層蓪草紙 1 張（9×9cm）

③ 淺黃色蓪草紙 1 張（2.25×9cm）

④ 綠色蓪草紙 3 張（2.25×9cm）

⑤ 綠色棉紙 1 張（8×18cm）

鐵絲

⑥ 26 號造花鐵絲 11 支（7.2cm）

⑦ 30 號黃色造花鐵絲 6 支（7.2cm）

⑧ 22 號造花鐵絲 2 支（18cm）

⑨ 26 號造花鐵絲 3 支（18cm）

⑩ 22 號造花鐵絲 1 支（22cm）

◆ 紙 型 *Paper type*

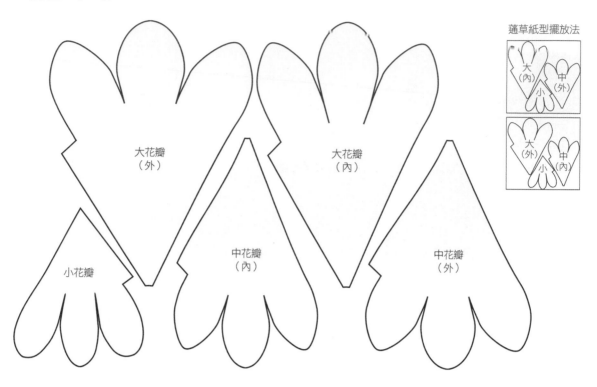

大花瓣
（外）

大花瓣
（內）

小花瓣

中花瓣
（內）

中花瓣
（外）

蓮草紙型擺放法

大
（內）

中
（外）

小

大
（外）

中
（內）

小

◆ 步驟說明 *Step by step*

◇ 花瓣製作

1 三張黃色蓮草紙噴濕潤。

2 三張黃色蓮草紙疊在一起，
將紙型排在上面比對，標示
為外者略寬，可搭配一內一
外較容易套進去。

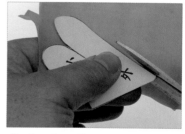

3 依照紙型剪下各種花瓣。

4 共計剪下大花瓣內外、中花
瓣內外各三張，小花瓣六張。

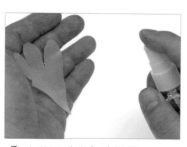

5 大花瓣（內）噴微潤。

6 疊兩片薄軟墊，用小木壓紋
工具壓出細紋及曲度。

7 用竹籤在內部按壓成錐筒狀。

8 將黏貼處摺起並塗膠。

9 捲黏至另一側,再用竹籤壓緊,可捲小一些不要捲過大。

10 大花瓣(外)定型後將捲黏好的大花瓣(內)放進去比對可否完全套入,若有偏大可將大花瓣(內)再捏細一些。

11 大花瓣(外)內部上膠。

12 將大花瓣(內)黏進去,上端的小瓣要交錯。

13 用竹籤在內部協助貼合。

14 大花瓣成型,外側花瓣可稍微向外撥開。

15 製作三組大花瓣。

16 重複步驟6,將中花瓣(內)壓紋。

17 黏貼處塗膠。

18 捲黏至另一側,再用竹籤壓緊,可捲小一些不要過大。

19 中花瓣（外）內部上膠，
將中花瓣（內）黏進去，
上端的花瓣要交錯。

20 用竹籤在內部協助貼合。

21 外側花瓣可稍向外撥開。

◇ 花心及花瓣組合

22 製作三組中花瓣。

23 黃色條狀蓮草紙噴微潤。

24 對折。

25 再對折。

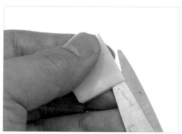

26 兩側接合處剪開約 3/4。

27 左側開始剪深約 0.4cm 寬
約 0.1cm 的四根花絲。

28 右側橫剪掉深 0.4cm 的長
條，再直剪深約 0.6cm 寬
約 0.1cm 的整排花絲。

29 花絲剪完成。

30 兩側接合處剪開。

31 剪出四段花心。

32 黃色細鐵絲（白色 30 號鐵絲塗黃）前端約 1cm 彎折並勾住較長的第四根花絲左右。

33 花心下方上膠。

34 捲黏起來。

35 用竹籤或鐵絲將外圍花絲（雄蕊）向外撥開。

36 外圍花絲（雄蕊）頂端上膠。

37 外圍花絲（雄蕊）沾黏黃色花粉。

38 完成四組花心。

39 條狀餐巾紙塗膠。

40 捲黏在花心下方。

41 完成四組花心。

42 花心下方上膠。

43 插入大花瓣中。

44 往下拉約與小花瓣底部齊高。

45 完成三大三中花瓣。

◇ 花苞及小花製作（細節請參考花苞製作）

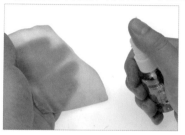

46 將黃綠漸層蓪草紙噴濕潤。

47 交叉斜剪四刀成為八張 1/8 的三角形。

48 從剪花瓣的剩料中挑三張剪成與步驟 47 的 1/8 三角形尺寸略同的三角形。

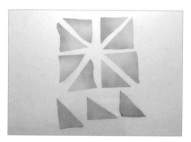

49 準備好的十一個花苞用紙。

50 參考花苞製作（P.16）完成十一個花苞，其中三～五顆黃綠色故意做小一點。

51 將小花瓣用小木壓紋工具壓紋。

52 捲黏起來。

53 黃色花苞塗膠。

54 插入小花瓣中。

55 往下拉並黏住。

56 完成三朵小花。

57 以上共完成三大三中三小花及八個花苞。

◇花萼製作

58 綠色條狀蓪草紙噴微潤。

59 對折。

60 再對折。

61 交叉剪出五個尖型。

62 打開有二十個尖型。

63 三個尖型為一段剪下來。

64 三條蓪草紙剪出十八片花萼。

65 花朵及花苞下方鐵絲用造花膠帶纏一段。

66 花萼下方上膠。

67 花萼貼在花朵下方。

68 將所有花跟花苞下方都黏上花萼。

69 長方形的棉紙。

70 右邊往左摺與左邊同寬。

71 左邊向後摺。

72 從右邊中間順弧度剪到頂端中間。

73 頂端中間弧度剪到另一側中間。

74 將下端兩側弧度向內剪。

75 打開後將中間剪開。

76 成為三片葉子。

77 貼上鐵絲。（註：葉子製作請參考 P.19。）

78 用小木壓紋工具在薄軟墊上壓出紋路。

◇組合

79 將最小的花苞與 22 號鐵絲
用綠色造花膠帶結合。

80 壓彎後組上第二個花苞。

81 再壓彎組上第三個花苞。

82 再壓彎組上第四個花苞，
造花膠帶要跨越交接處才
會精緻。

83 再壓彎組上小花，可看出
此時主莖桿呈現一左一右
的彎曲。

84 再壓彎組上第二朵小花。

85 再壓彎組上中花。

86 繼續將第二朵中花及兩朵
大花組合上去並調整花的
角度略向上挺。

87 參照步驟 79-86，組合另一
組二苞一小花一中花一大
花。

88 再組兩個花苞。

89 將兩串花組在一起。

90 再組合兩個花苞。

91 葉子下端上些膠。

92 黏在花莖下端。

93 用造花膠帶纏繞固定。

94 加入第二片葉子。

95 加入第三片葉子。

96 調整花各部位的姿態。

97 組合完成。

Flower

/

13

花語　魅力、熱情、溫馨、真情、真摯、寬容、親情思念

康乃馨

◆ 工具材料 Tool & Material

①

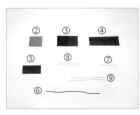

紙材
　① 紅色蓮草紙 9 張
　② 淺綠色棉紙 1 張（4.5×4.5cm）
　③ 綠色棉紙 1 張（4.5×9cm）
　④ 綠色棉紙 1 張（4×12cm）
　⑤ 綠色棉紙 1 張（4×8cm）

鐵絲
　⑥ 18 號造花鐵絲 1 支（22cm）
　⑦ 26 號造花鐵絲 1 支（7.2cm）
　⑧ 26 號造花鐵絲 2 支（9cm）
　⑨ 26 號造花鐵絲 2 支（12cm）

◆ 紙型 Paper type

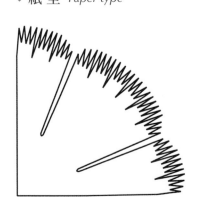

◇ 花瓣製作

1 蓮草紙用小噴罐噴濕潤。

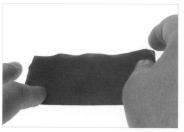

2 對折。

3 再對折成正方形。

4 將紙型對齊中心邊緣。

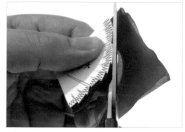

5 先剪大致形狀。

6 再剪深裂處。

7 再剪淺裂處。

8 最細的鬚狀花瓣靠著紙型不容易剪，此時可以不用紙型，直接交叉斜剪出鬚狀即可，若剪刀不夠利不必勉強每小瓣剪出四個鬚，剪三個鬚也可。

9 角落即為花瓣中心，用剪刀斜剪出直徑約為 0.2cm 的洞。

10 共需剪出九張花瓣。

11 第一張花瓣剪到中心。

12 18 號粗鐵絲前端約 1cm 折彎。

13 勾住花瓣並夾緊。

14 花瓣內部上膠，最外圈約 1.5cm 不上膠。

15 右下角花瓣斜往上提。

16 再上點膠。

17 右下角花瓣斜往上提，再上一點膠。

18 收合整體捏緊。

19 黏好第一層花瓣。

20 第二層花瓣噴微潤。

21 對折再對折。

22 往中間拗。

23 稍微揉捏一下。

24 小心打開。

25 花瓣內部上膠，最外圈約 1.5cm 不上膠。

26 套入第二層花瓣。

27 捏黏上去。

28 第三層花瓣噴微潤。

29 用小木壓紋工具在軟墊上壓出紋路。

30 壓好的花瓣。

31 放在掌心用 16mm 圓球棒在中間壓。

32 第二層花瓣外側上膠，上方約 2cm 不上膠。

33 套入第三層花瓣。

34 捏黏上去。

35 第四層花瓣用 18mm、第五層用 20mm、第六層用 22mm、第七層用 24mm、第八層用 26mm、第九層用 28mm 壓中間。

36 花瓣外側上膠，每層花瓣不上膠位置逐漸下降，第八層約塗到中間即可。

37 第三層開始黏貼後，將花朵置於中指及無名指中間調整花型。此為第七層，一般來說已經足夠。

38 本示範做到第九層花瓣感覺更大更豐富。

◇ 花萼製作

39 康乃馨的花朵下方有相當大的萼筒，用餐巾紙剪成條狀上膠纏黏於花下。

40 黏貼後開始纏繞黏貼。

41 萼筒完成約為錐狀，如圖所示。

42 為防棉紙貼花萼後露出餐巾紙，可取剪剩的紅色蓪草紙。

43 塗膠。

44 貼在餐巾紙上緣。

45 長度不夠再貼另外一張。

46 淺綠色棉紙 4.5×4.5cm 一張。

47 對折。

48 交叉剪出三個三角凸起。

49 打開上膠。

50 黏在花瓣下的萼筒上。

51 捲黏上去。

52 將綠色棉紙（4.5×9cm）中間，裁成兩長條。

53 取其中一條。

54 對折。

55 再對折。

56 交叉剪出兩個三角凸起。

57 打開上膠。

58 黏在萼筒下方。

59 花萼完成。

◇ 葉子製作（細節請參考葉子製作）

60 長方形的棉紙。

61 對折。

62 再對折。

63 從摺合端點約 0.15cm 處直剪，此為葉柄端。

64 約 1.5cm 後剪大圓弧到側面中間再到頂端。

65 共製作四片葉子。

66 貼上鐵絲。

67 在薄軟墊上用小木壓紋工具壓出葉脈。

68 四片葉子葉脈完成。

69 將萼片裁剩的另一長條剪出長 4.5cm 寬 2cm 的小葉。

70 同樣貼上鐵絲壓出葉脈。

71 小葉下緣上膠。

72 貼在第二層花萼上。

73 纏黏綠色造花膠帶。

74 一段距離組合中葉。

75 繼續組合第二片中葉。

76 組合大葉。

77 繼續組合第二片大葉。

78 造花膠帶纏到底後完成。

Flower

14

花語　恩典、優雅

百頁玫瑰

◆ **工具材料** *Tool & Material*

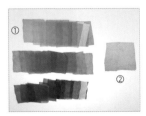

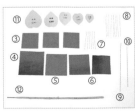

紙材
① 黃色至紅色蓮草紙 31 張
② 黃色棉紙 1 張（12×12cm）
③ 綠色棉紙 3 張（6×6cm）
④ 綠色棉紙 1 張（10×10cm）
⑤ 綠色棉紙 1 張（8×8cm）
⑥ 綠色棉紙 2 張（7×7cm）

鐵絲
⑦ 26 號造花鐵絲 6 支（7.2cm）
⑧ 26 號造花鐵絲 9 支（9cm）
⑨ 22 號造花鐵絲 1 支（18cm）
⑩ 22 號造花鐵絲 1 支（12cm）

其他
⑪ 蓮草玫瑰紙型 A～F 共 6 張
⑫ 粗太卷 1 支（30cm）

◆ 紙 型 *Paper type*

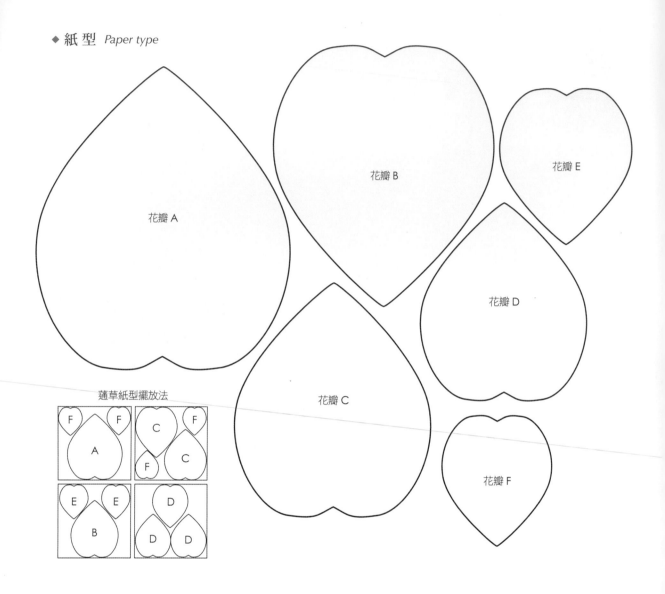

花瓣 A

花瓣 B

花瓣 E

花瓣 D

花瓣 C

花瓣 F

蓪草紙型擺放法

◆ 步驟説明 *Step by step*

◇ 花苞製作（細節請參考花苞製作）

1 12×12cm 黃色棉紙一張。

2 斜對角摺起。

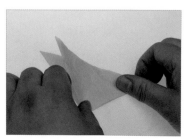

3 再對折。

4 打開一側成為三角錐型袋口。

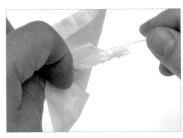

5 將另一側塗膠。

6 黏合起來。

7 成為三角錐型袋口。

8 蓪草屑噴濕潤。

9 先放一些蓪草屑塞滿錐形底端。

10 再取一些蓪草屑噴濕潤。

11 將蓪草屑揉捏成直徑約2.8cm，將粗太卷鐵絲略凸出約1cm置於其上。

12 彎曲鐵絲前緣以緊扣住蓪草紙團。

13 將粗太卷的紙團放進三角錐型袋口，若旁邊還有空隙可再塞些蓪草屑並壓緊。

14 將袋口合起來。

15 捏緊袋口。

143

16 用 QQ 線綁住袋口。

17 參考紙型的排列方式剪出八片花瓣 E。

18 九片花瓣 D。

19 十片花瓣 C。

20 十片花瓣 B。

21 十片花瓣 A，以上也可用白色蓪草紙剪好再分批染色。

22 一片小花瓣 E 整面上膠。

23 小花瓣 E 貼在花苞上，頂端比花苞高約 0.2cm。

24 整面完全貼附在花苞上。

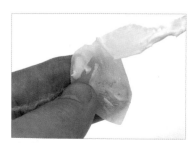

25 第二片花瓣 E 整面上膠。

26 第二片花瓣與第一片花瓣同高，完全貼附在第一片花瓣對面。

27 第三、四、五片花瓣上膠在右半部及下方。

28 第三片花瓣與第二片花瓣同高，貼在第二片花瓣對面，未沾膠之處先保持懸空，下一片花瓣插入前一片花瓣右側有部分重疊。

29 第三、四、五片花瓣貼附後呈現有三片花瓣懸空狀態。

30 將懸空部分內側上膠，按壓花瓣確實貼牢。

31 第六、七、八片花瓣同樣上膠，在右半部及下方，下一片插入前一片右側有部分重疊。

32 第六、七、八片花瓣貼附後呈現有三片懸空狀態。

33 將懸空部分內側上膠，按壓花瓣確實貼牢。

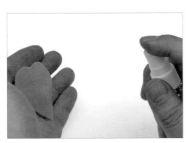

34 花瓣 D 噴微潤。

35 用直徑 28mm 的圓球棒壓出窩型。

36 用小木壓紋工具在花瓣頂端中間壓出細紋。

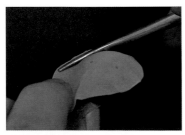

37 用捲邊工具或牙線棒在軟墊上輕壓出捲邊效果。

38 製作九個壓好窩型並捲邊的花瓣 D。

39 花瓣 D 右下角上膠。

40 第二片花瓣 D 下端跟第一片花瓣對齊，如圖轉一個角度後貼上。

41 第二片花瓣 D 右下角上膠。

42 貼上第三片花瓣 D。

43 重複步驟 34-42，三組各三片花瓣 D。

44 其中一組右下角上膠。

45 比花瓣 E 高約 0.2cm 貼上去。

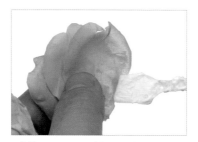

46 另兩組同樣右下角上膠。

47 插入前一組的右側下方，呈現有三組懸空狀態。

48 將懸空部分內側上膠。

49 用虎口按壓花瓣確實貼牢。

50 參照步驟 34-38，製作十個壓好窩型並捲邊的花瓣 C。

51 花瓣 C 下半部上膠，依序貼在花瓣 D 外側。

52 第一圈貼五片花瓣 C。

53 承步驟 52，第二圈再貼五片花瓣 C。

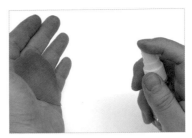

54 花瓣 B 噴微潤。

55 下端中間凹折。

56 呈現細長的倒 V 字形，此時花瓣自然的呈現曲線內彎。

57 用直徑約 3.6cm 的蛋型木器壓出窩型，也可另找球狀物體來壓。

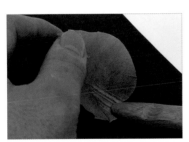

58 用小木壓紋工具在花瓣頂端中間壓出細紋。

59 用細圓球棒或竹籤捲出捲邊效果。

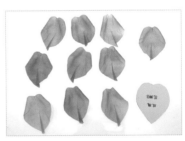

60 共製作十片花瓣 B。

61 在下半部上膠。

62 第一圈貼五片花瓣 B。

63 承步驟 62，第二圈再貼五片花瓣 B。

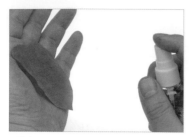

64 花瓣 A 噴微潤。

65 下端中間凹折，用直徑約 4.5cm 的蛋型木器壓出窩型。

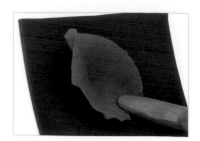

66 用小木壓紋工具在花瓣頂端中間壓出細紋。

67 用細圓球棒或竹籤捲出捲邊效果。

68 共製作十片花瓣 A。

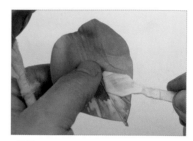

69 下半部上膠。

70 第一圈貼五片花瓣 A。

71 承步驟 70，第二圈再貼五片花瓣 A。

72 從側面看。

◇ 花萼製作

73 玫瑰的花朵下方有凸出的子房及萼筒，用餐巾紙剪成條狀上膠纏黏於花下。

74 黏貼後開始纏繞黏貼。

75 萼筒完成約為錐狀，如圖所示。

76 取 10×10cm 綠色棉紙一張。

77 先做出五等份摺邊，將右邊往左摺，讓右側約為左側的兩倍寬。

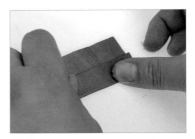

78 再將右側對折，此時左右兩邊寬度約為相等。

79 將左側向後摺。

80 若打開就為五等份。

81 從右側中心剪圓弧到上端中心。

82 轉 180 度，從原來的上端中心剪圓弧到另一側的中心。

83 下方依圖修順

84 兩側剪出缺口及鬚狀。

85 打開為五個萼片。

86 參考葉子製作（P.19）貼上 9cm 的 26 號造花鐵絲並隱藏起來。

87 用小木壓紋工具將萼片壓出紋路及曲度。

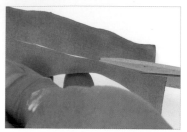

88 將前階段剪剩的紅色蓮草紙剪下一段。

89 上膠貼在萼筒上端以免貼花萼後露出內部餐巾紙。

90 花萼彎曲向外，並將下半部上膠，上半部不上膠。

91 將花萼貼在萼筒上。

92 將五個花萼平均貼好。

93 可用指甲尖或竹籤或其他工具在萼筒上方擠壓出整圈凹痕。

◇ 葉子製作（細節請參考葉子製作）

94 待膠乾後，用綠色造花膠帶纏黏於花莖上至一半高度。

95 參考葉子製作（P.18）準備葉子，大葉在前。12cm 的 22 號鐵絲搭配五個葉子，18cm 的 22 號鐵絲搭配七個葉子。

96 先將一個大葉子用造花膠帶纏在 22 號鐵絲上，再纏一段距離後加上兩片較小的葉子，葉尖高度約在大葉的中間。

97 製作一個七葉，一個五葉的組合。

98 在花莖上纏造花膠帶固定兩組葉子。

99 組合完成。

Flower
/
15

梅花

花語 忠貞、堅強、高潔

◆ 工具材料 Tool & Material

紙材
① 白色至淺紅蓪草紙 12 張
② 淺紅蓪草紙 3 張
③ 黃色蓪草紙 3 張
④ 咖啡綠色漸層蓪草紙 2 張
⑤ 綠色蓪草紙 1 張

鐵絲
⑥ 26 號造花鐵絲 37 支（6cm）
⑦ 22 號造花鐵絲 16 支（12～18cm）

其他
⑧ 粗太卷 2 支（60cm）
⑨ 粗太卷 2 支（40cm）
⑩ 草繩 2 條（70cm）
⑪ 草繩 2 條（35cm）

◆ **紙 型** *Paper type*

◆ **步驟說明** *Step by step*

◇ 花心製作（細節請參考花心製作）

1 黃色蓪草紙一張，用小噴罐噴濕潤。

2 順著蓪草紙的小細紋對折並剪開。

3 再對折一次，再剪開一次，成為四張條狀蓪草紙。

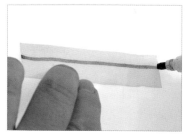

4 用綠色麥克筆在中間偏上處畫一直線。

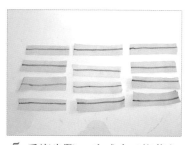

5 重複步驟4，完成十二條花心。

6 取其中一條噴濕潤。

7 對折。

8 再對折。

9 兩邊摺合處剪開至綠線處。

10 依序剪出約 0.1cm 寬，深度約跟綠線同高的長條狀。

11 趁紙還有些濕潤捏住幾條花絲，左右轉一下加壓就可以變更細，若紙太乾捻不動，可噴些水在桌上，手指沾些水再捻。

12 將整條分為兩半。

13 在第二或第三條花絲中間剪深一點點。

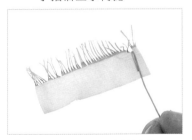

14 將 26 號細鐵絲前端約 1cm 折彎，勾住剪深的地方並加壓夾住花心。

15 將白膠點在花絲下緣及兩端，注意下半部只在兩端有膠。

16 將花心捲黏起來。

17 捲好的花心，將花心的下半部捏細。

18 捏好的花心。

19 用鐵絲將花絲整理撥開。

20 將花絲前端沾膠。

21 花絲前端沾花粉，重複步驟 6-21，完成二十四個花心。

◇ 花瓣製作（細節請參考花瓣製作）

22 一張蓮草紙可剪四張大花瓣，用兩張剪出八張大花瓣。

23 一張蓮草紙可剪五張中花瓣，用七張剪出三十五張中花瓣。

24 一張蓮草紙可剪九張小花瓣，用三張剪出二十四張小花瓣。

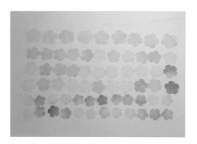

25 花瓣剪裁後完成圖。

26 將三張小花瓣噴微潤。

27 第一片小花瓣用直徑 8mm 的圓球棒將小瓣壓出窩型。

28 用直徑 10mm 的圓球棒在小花瓣中心壓凹。

29 第二片小花瓣用直徑 8mm 的圓球棒將小瓣壓出窩型。

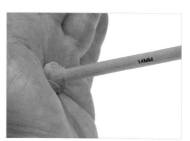

30 用直徑 14mm 的圓球棒在小花瓣中心壓凹。

31 第三片小花瓣用直徑 10mm 的圓球棒將小瓣壓出窩型。

32 用直徑 22mm 的圓球棒在 小花瓣中心壓凹。

33 做好三張不同開放程度的 花瓣。

34 花心粗細交接處上膠。

35 套入第一片花瓣。

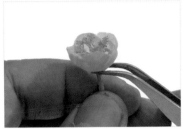

36 用小鑷子小心將花瓣推至 定位,花瓣跟花心頂端約 為同高,注意黃色花心需 穿過花瓣中心。

37 第一片花瓣外側上膠,套 入第二片花瓣。

38 第二片花瓣外側上膠,套 入第三片花瓣。

39 用小鑷子小心將花瓣推黏 至定位,注意每層花瓣要 交錯。

40 將三張中花瓣噴微潤。

41 第一張中花瓣用直徑 10mm 的圓球棒將小瓣壓出窩型。

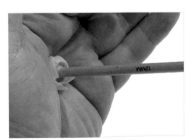

42 用直徑 12mm 的圓球棒在 中花瓣中心壓凹。

43 第二張中花瓣用直徑 10mm 的圓球棒將小瓣壓出窩型。

44 用直徑 16mm 的圓球棒在中花瓣中心壓凹。

45 第三張中花瓣用直徑 12mm 的圓球棒將小瓣壓出窩型。

46 用直徑 22mm 的圓球棒在中花瓣中心壓凹。

47 做好三張不同開放程度的花瓣，參照步驟 34-39，做出中花。

48 將三張大花瓣噴微潤。

49 第一張大花瓣用直徑 12mm 的圓球棒將小瓣壓出窩型。

50 用直徑 16mm 的圓球棒在大花瓣中心壓凹。

51 第二張大花瓣用直徑 10mm 的圓球棒將小瓣壓出窩型，用直徑 22mm 的圓球棒在中心壓凹。

52 第三張大花瓣用直徑 14mm 的圓球棒將小瓣壓出窩型。

53 用直徑 28mm 的圓球棒在大花瓣中心壓凹。

54 做好三張不同開放程度的花瓣，參照步驟 34-39 做出大花。

55 將橄欖綠的造花膠帶剪下一截。

56 對折。

57 再對折。

58 再對折。

59 從中間剪開。

60 如圖,將此細造花膠帶捲黏在花朵下端一小段。

Tip / 依照以上程序可完成大花三朵、中花十二朵、小花九朵。其中可有幾朵可用兩層花瓣就好,剩餘的小花瓣可移到花苞使用。

◆ 花萼製作

61 將咖啡綠色漸層的蓮草紙用梅花型的造型打孔器打出梅花型的小花萼,直徑約為 1.5cm。

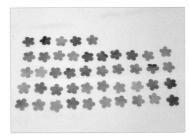

62 兩張蓮草紙準備好四十五個花萼。

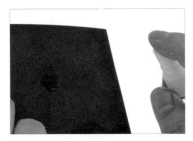

63 將花萼噴微潤。

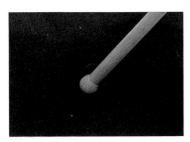

64 用 6mm 圓球棒在薄軟墊上壓出旁邊五個窩型。

65 用 8mm 圓球棒在薄軟墊上將花瓣中間壓凹。

66 將花萼套入花朵的鐵絲。

67 在花瓣上塗膠。

68 用小鑷子小心將花萼推黏至定位。

69 貼好的花萼。

◇ 花苞製作（細節請參考花苞製作）

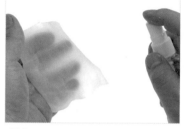

70 淺紅色蓪草紙噴濕潤。

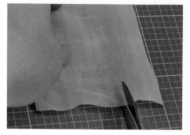

71 量 3cm 剪開，平均裁為三段。

72 三段疊起來，量 3cm 剪開，再平均裁為三段。

73 準備好二十一張 3×3cm 的淺紅色蓪草紙。

74 製作花苞的蓪草紙跟蓪草屑噴濕潤。

75 將蓪草屑揉捏成約直徑 1cm，將鐵絲略凸出約 1cm 置於其上。

76 彎曲鐵絲前緣以緊扣住蓪草紙團。

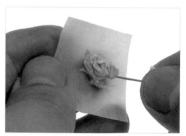

77 紙團捏緊置於 3×3cm 蓪草紙中間。

78 用蓪草紙把紙團包起來。

79 下端用細造花膠帶捲黏起來。

80 也可製作無鐵絲的小花苞，直接將紙團包入蓪草紙。

81 包覆好捏緊下方。

82 下端用細造花膠帶捲黏起來。

83 捲黏好的小花苞。

84 參照步驟 66-69，將花萼黏上去。

85 花萼完全黏住花苞。

86 花苞整個上膠，套入一片成型的花瓣。

87 可做成剛開的小花。

◇ 芽點製作

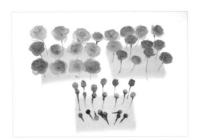

88 以上共製作二十四朵花、十三個有鐵絲的花苞、八個無鐵絲的花苞。

89 將綠色蓪草紙噴濕潤。

90 斜剪。

91 斜剪。

92 再斜剪。

93 第四次斜剪，一張蓮草紙可剪出十六張小三角形。

94 用一張半的蓮草紙準備好二十四張小三角形。

95 將一個小三角形頂端向內摺。

96 再捲起來。

97 對折。

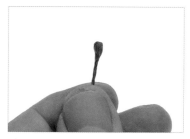

98 下端捏緊，上端捏圓。

99 做好二十四個芽點。

◇ 小枝組合

100 梅花為貼梗的植物，用小尖嘴鉗將花底下的鐵絲折彎，折點越接近花萼越好。

101 22 號造花鐵絲用綠色造花膠帶纏黏。

102 接上花朵，注意鐵絲不要凸出太多，以免不小心傷到觀賞者的眼睛。

103 繼續接上花苞。

104 再接上花朵。

105 繼續接上芽點。

106 組好的小枝，後續製作花與花苞、芽點的順序可隨意更動。

107 共製作出十六個小枝。

108 也可將兩個小枝組合在一起。

◇ 中枝及樹幹組合

109 為求整體造型完善，選定花器後用色鉛筆概略畫出 1：1 的枝幹造型做為後續備料製作依據。

110 挑選適合的粗太卷及草繩做準備，預先彎折比對位置。

111 將小枝用膠帶固定在粗太卷上。

112 將草繩拆分為兩束。

113 用膠帶固定在粗太卷上，成為有粗細變化的中枝。

114 繼續組合其他中枝。

115 將整束的草繩根和粗太卷用膠帶固定，成為樹幹。

116 繼續組合其他中枝並整理枝幹造型。

117 將咖啡色薄棉紙裁為長條，用無名指塗膠。後續盡量保持只有無名指有膠，其他指頭才方便做纏繞及整理動作。

118 將中枝整個用咖啡色薄棉紙纏繞包覆，注意纏繞時不要壓壞花朵。

119 初步纏綿紙成果。

120 較粗的部分改用較寬的棉紙來纏繞包覆。

121 中枝包覆完成。

122 樹幹部份可用更寬的棉紙來包覆。

123 可局部做出樹瘤、樹洞的效果。

124 底下的草繩跟粗太卷是用來製作樹根，所以也需纏繞包覆咖啡色薄棉紙。

125 棉紙包覆完成。

126 若想在較粗的中枝上加小枝可用鑽子先斜戳一個洞，再將小枝下端上膠戳入洞裡面黏好。

127 放在花器內檢視整體比例及姿態，可局部彎曲調整，甚至有長度太長的小枝可做修剪，剪下的可以插到其他位置。

128 準備漿糊、咖啡色染劑、木屑。

129 將木屑倒入容器中。

130 加入咖啡色染劑。

131 揉捏攪拌均勻，觀察色澤是否合宜，若不夠染勻可再加染劑，太濕或太深可再加木屑。

132 顏色確認後再加入漿糊繼續揉捏攪拌，要感覺整體都有黏稠性。

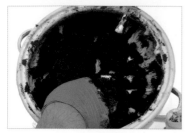

133 可以加入少許白膠增加黏性，但不可用白膠代替漿糊，因為白膠乾後有整片被剝離的風險。

134 先塗抹一點漿料在包覆棉紙的中枝上，感覺黏著性是否合適，注意不要用咖啡色造花膠帶包覆中枝再來塗抹漿料，因造花膠帶表面黏著性差。

135 繼續將此漿料塗抹在所有包覆棉紙的枝幹上，小心不要沾到花朵。（註：此照片是戴著手套塗抹，但因手套已經沾到太多漿料，極易沾到花且沒有感覺，建議脫掉手套直接用手指頭塗抹較安全。）

136 塗抹完成，可在底部插入木棒或筷子較方便握持，也方便插在 PE 軟墊上繼續作業。

137 跟原始構想草圖比對。

138 老梅樹的枝幹上常有苔癬出現，可將園藝用的水苔（水草）剪碎，趁漿料未乾時沾黏在枝幹的局部。

139 苔癬還有其他顏色，也可準備染紅色及黃色的蒲草粉。

140 同樣趁漿料未乾時沾黏在枝幹的局部。

141 初步製作完成，固定在花器上待乾。

142 待漿料乾後調整角度與姿態完成。

Flower
/
16

牡丹

花語 濃情、用心付出、富貴、期待

◆ 工具材料 *Tool & Material*

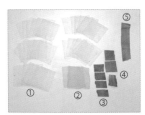

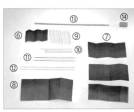

紙材
① 白色蔥草紙 30 張
② 黃色蔥草紙 2 張
③ 綠色蔥草紙 4 張（3×3cm）
④ 橘色蔥草紙 3 張（3×3cm）
⑤ 橄欖綠蔥草紙 1 張（3×9cm）
⑥ 綠色棉紙 1 張（6×15cm）
⑦ 綠色棉紙 3 張（8×18cm）
⑧ 綠色棉紙 1 張（10×22.5cm）

鐵絲
⑨ 26 號造花鐵絲 22 支（7.2cm）
⑩ 26 號造花鐵絲 4 支（12cm）
⑪ 22 號造花鐵絲 4 支（12cm）
⑫ 22 號造花鐵絲 2 支（18cm）

其他
⑬ 粗太卷 1 支（35cm）
⑭ 蔥草棒（直徑約 2.5cm 長 3cm）

大花瓣

中花瓣

小花瓣

蓮草紙型擺放法

小 小
小

小
中

大

◆ 步驟說明 *Step by step*

◇ 花瓣製作

1 三張蔯草紙噴濕潤。

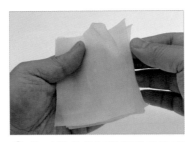

2 將三張蔯草紙對齊重疊注意細紋要同方向。

3 對折後將小瓣紙型放在右上角微斜，注意蔯草紙細紋為橫向。

4 依照紙型剪出小花瓣

5 頂端的花缺可先不剪，在花缺處紙型捏壓一下。

6 紙型拿開會有花缺的形狀出現。

7 此時較容易剪花缺。

8 打開還有空間可以剪三片小花瓣。

9 參照步驟4-7，三張蔯草紙共可剪出九片小花瓣。共需剪兩組，可得小花瓣十八片。

10 六張蔯草紙噴濕潤。

11 將中瓣紙型對齊角落。

12 依照紙型剪出中花瓣。

13 同樣壓捏花缺位置出現花缺形狀。

14 剪刀盡量張開剪花缺，轉折處轉動紙張順著剪。

15 剪出的花缺底部為小圓弧較美觀，若用剪刀尖端交叉剪將會呈現尖角，較容易產生撕裂痕。

16 另一角落還有空間可以剪小花瓣，如此六張蓮草紙可剪出中花瓣及小花瓣各六片。共需剪兩組可得中花瓣及小花瓣各十二片。

17 參照步驟4-7，將大花瓣疊在六片蓮草紙剪，剪兩組，可得大花瓣十二片。

18 將剪下的花瓣分批染色。原則上底部較深漸層到頂端為白色；小花瓣顏色較深，大花瓣較淺。

◇ 花心製作

19 將蓮草如圖斜削，注意刀片要長距離拉動才會好削。

20 削好的蓮草棒。

21 將粗太卷插入蓮草棒。

22 前端的鐵絲180度轉折。

23 若難用手指彎曲可用尖嘴鉗協助壓緊。

24 鐵絲上塗膠。

25 往下拉，折彎的鐵絲會在蓮草棒內壓出缺口，但如此將固定更牢。

26 拉到鐵絲與蓮草棒上端齊平。

27 若蓮草棒孔洞較大有鬆動可以將蓮草棒噴濕潤。

28 軟化後用指頭捏緊蓮草棒下端會固定的更牢固。（註：若不方便找到蓮草棒，可用報紙或餐巾紙在粗太卷上捲出類似形狀。）

29 綠色蓮草紙一面塗滿膠。

30 貼在蓮草棒上端。

31 側面順著壓黏上去。

32 橘色蓮草紙跟蓮草紙屑噴濕潤。

33 其中一個角落剪出小的波浪狀。

34 將蓮草紙屑捏成團放在中間。

35 波浪端在上外露不上膠，其他三個角落塗膠後將紙團包起來。

36 若有黏不住狀況，可再次塗膠後壓緊。

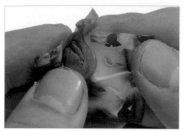

37 再拿一片綠色蓮草紙將內部完全塗膠，橘色波浪端在上方外露。

38 將綠色蓮草紙包覆橘色部分，橘色波浪端在上方外露。

39 重複步驟32-38，製作三個，此為牡丹的雌蕊。

40 將雌蕊下端塗膠。

41 黏在蓮草棒的頂端。

42 要放三個雌蕊，注意位置要平均，內側可上膠讓雌蕊黏貼更緊。

43 貼好三個雌蕊。

44 黃色蓮草紙噴濕潤。

45 對折。

46 剪為兩張。

47 將一張對折。

48 再對折。

49 兩側剪開深度約 2/3。

50 剪一排間距約為 0.15cm 深度約 2/3 的花絲。

51 將花絲捻細。

52 兩張 10×10cm 蓮草紙共剪成四段花心。

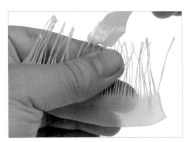

53 花絲頂端塗膠，可較一般花心塗長一些，兩面頂端各塗約 0.3 ～ 0.4cm。

54 沾花粉。

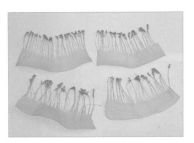

55 沾好花粉的四段花心，此為雄蕊。

56 雄蕊下方上膠。

57 捲黏在雌蕊的外圍，頂端約與雌蕊同高。

58 繼續貼第二與第三片雌蕊。

59 可用壓紋工具協助整理花絲向外開。

60 整理好的花心。

61 準備一片約為 30×22cm 的塑膠膜，可用較厚、無彈性的塑膠袋裁開來使用，但不能太柔軟。

62 小花瓣三片噴微潤。

63 將三片花瓣重疊在一起。

64 對折。

65 塑膠膜斜向對折，將摺好的小花瓣如圖夾在塑膠膜摺疊處。

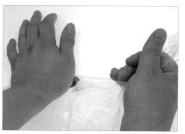

66 左手掌基部輕壓住花瓣，露出一點頂端，右手掌心向上抓住塑膠膜右側。

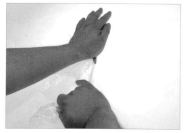

67 右手翻轉將塑膠膜轉 90 度往下，過程中左手掌逐步鬆開讓裡面的花瓣隨膠膜擠壓產生皺摺，注意不要拉太緊，以免塑膠膜拉長連帶蓮草紙會拉破。此製作手法稱為「絞」。

68 取出花瓣，將三片分開。

69 趁花瓣還微潤用小木壓紋工具在軟墊上壓出細紋，注意從距離頂端約 0.8cm 開始壓就好。

70 另一手法不用絞，只用小木壓紋工具在軟墊上壓出細紋，從距離頂端約 0.8cm 開始壓就好，壓的時候頂端會自然產生波浪。

71 三種手法比較：左側只絞紋，造型較活但較難一致。右邊只壓紋，造型較一致但缺活力。中間先絞後壓，可綜合兩種特點，後續均用先絞後壓。

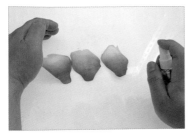

72 中花瓣三片噴微潤。

73 依照上述將三片重疊在一起對折夾在塑膠膜絞紋。

74 絞好的中花瓣。

75 用大壓紋工具在軟墊上壓出細紋，注意從距離頂端約 1.2cm 開始壓就好。

76 中花瓣壓製完成。

77 大花瓣三片噴微潤。

78 參照步驟 65-68，將三片重疊在一起對折夾在塑膠膜絞紋。

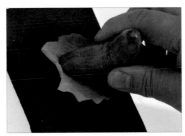

79 用大壓紋工具在軟墊上壓出細紋，注意從距離頂端約 1.2cm 開始壓就好。

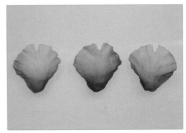

80 大花瓣壓製完成。

81 找直徑為 0.25 ～ 0.3mm 的不鏽鋼絲（一般的造花鐵絲貼在花瓣中間太粗且有生鏽疑慮）。

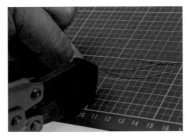

82 用斜口鉗剪成約 5cm 的小段。

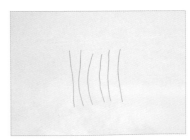

83 共準備六支 5cm 的不鏽鋼絲。

84 小花瓣右下角上膠。

85 底部對齊，頂端斜一角度貼第二張小花瓣後在第二張小花瓣左下角上膠。

86 對齊第一張小花瓣貼上第三張小花瓣。

87 第三張小花瓣的中間及右下角上膠，把一段不鏽鋼絲放在整體的中心位置。

88 對齊第二張小花瓣貼上第四張小花瓣。

89 第四張小花瓣的左下角上膠。

90 第五張小花瓣貼在整體的中心位置。

91 把花瓣撥開一些。

92 重複步驟 84-91，製作六組小花瓣。

◇ 花瓣及花心組合

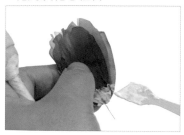
93 一組小花瓣底下上膠。

94 貼在雄蕊的下緣，貼緊並將花瓣組向外彎個角度。

95 從頂端看，離 120 度角貼第二組小花瓣。

96 再離 120 度角貼第三組小花瓣，此時三組花瓣從頂端看為平均分布。

97 繼續將其他三組小花瓣貼在原來三組的中間位置。

98 貼好六組小花瓣。

99 用 QQ 線捆住小花瓣下緣以免脫落。

100 將底下多餘的不鏽鋼絲剪掉。

101 中花瓣底下上膠。

102 穿插貼在原來六組小花瓣中間。

103 貼好六張中花瓣。

104 前階段花心製作還留有一片花心，平均剪為三段。

105 三段花心。

106 捏皺花心使下方黏集中，讓花絲有向外開的感覺。

107 下端塗膠黏在第一層中花瓣外。

108 另外兩段花心也定型後，平均貼在第一層中花瓣外。

109 第二層中花瓣底下上膠。

110 穿插貼在原來六組中花瓣中間。

111 第二層中花瓣黏貼完成。

112 將花莖置於中指及無名指中間，手掌及指頭微曲壓住花朵並邊轉邊壓，可將花型調整更漂亮。

113 第一層大花瓣底下上膠，穿插貼在原來第二層中花瓣中間。

114 第一層大花瓣貼完成。

115 最外一層花瓣想要有一點外翻效果，先將上半部噴微潤。

116 將花瓣下半部懸空提起，用大壓紋工具在軟墊上將大花瓣壓出外翻效果。

117 側面看外翻程度。

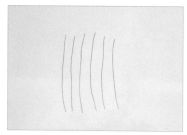

118 再剪六段長度約 7cm 的不鏽鋼絲。

119 將大花瓣中間向內拗出一個長摺痕。

120 用牙籤在大花瓣中間摺痕中塗上一條膠。

121 把一段不鏽鋼絲拉直放在大花瓣中間的膠上。

122 凹折大花瓣中間，把不鏽鋼絲包在裡面。

123 加了不鏽鋼絲的大花瓣。

124 將下端彎折。

125 完成六片大花瓣。

126 大花瓣下端上膠。

127 穿插貼在原來六片大花瓣中間。

128 貼好最外層六片大花瓣，用虎口加壓並調整花瓣姿態。

129 將底下多餘的不鏽鋼絲剪掉。

130 花瓣組合完成。

◇ 花萼製作

131 將 3×9cm 橄欖綠蓮草紙噴濕潤。

132 摺成三等份，右側向左摺約與左側相等。

133 左側向後摺。

134 從右下角剪弧度到上面中間。

135 相對再剪到另一角落。

136 剪出一個缺口。

137 剪好如圖的第一層花萼。

138 將三片花萼剪開。

139 花萼上膠。

140 貼在大花瓣外面底部。

141 平均貼好三片花萼。

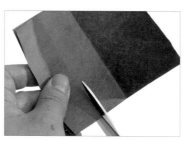

142 將 10×22.5cm 的棉紙摺剪出三片 2×10cm 的長條。

143 從右側底下 1/3 處順弧度向頂端中間剪。

144 再相對剪到另一側。

145 剪出一個缺口。

146 下端向內縮剪。

147 剪好的花萼。

148 取 26 號鐵絲上膠貼在中間，距離上端約 1.2cm。參照葉子製作（P.19）將鐵絲隱藏起來。

149 將花萼用小木壓紋工具在薄軟墊上壓出紋路及曲線。

150 壓好的三個花萼。

151 下方 1/3 上膠。

152 穿插貼在原來的花萼中間。

153 平均貼上三個花萼並調整彎度。

154 花萼完成。

155 用綠色造花膠帶將花萼下端纏黏固定。

156 繼續纏黏到底端 1/3 處。

◇ 葉子製作（細節請參考葉子製作）

157 依照葉形剪出二個大葉、十二個中葉、八個小葉，並貼好鐵絲。

158 用小木壓紋工具扁頭一端壓出主脈。

159 再用剪刀刀背壓出細葉脈。

160 壓好的葉脈。

161 將二十二片葉子都壓好葉脈。

162 將大葉用綠色膠帶與18cm 的 22 號鐵絲纏固定。

163 再纏一段距離後加上兩片中葉，葉尖高度約在大葉的中間。

164 再纏一段距離後再加上兩片中葉，葉尖高度約在前一中葉的中間。

165 將葉子打開。此方式要做兩組。

166 將中葉用綠色膠帶與12cm 的 22 號鐵絲纏固定。

167 再纏一段距離後加上兩片小葉，葉尖高度約在中葉的中間。

168 將葉子打開。此方式要做四組。

169 五葉組合在中間，三葉組合在左右兩側。

170 三組用造花膠帶將下端組合在一起。

171 打開為牡丹葉特殊的排列方式。

172 製作兩組牡丹葉。

173 將牡丹葉固定在花莖的下方。

174 固定第二組牡丹葉。

175 組合完成。

Chapter

3

—

作品展示

—

Gallery

蓮草紙
必備寶典
陳建華——著

內含
「基礎技巧」
動態影片
QRcode

染色×花形×組合

書中教你以蓮草紙，推疊出花朵的美麗姿態，不藏私的手作秘訣，教你做出動人的不凋謝花卉，從裁花瓣、紋路製作到黏貼技巧，各種花卉的製作方法 Step by Step，讓我們從零開始進入第一堂蓮草花藝課吧！

書　　　名　蓮草紙必備寶典－染色 X 花形 X 組合
作　　　者　陳建華
編　　　輯　譽緻國際美學企業社・莊旻嬪
責任主編　譽緻國際美學企業社・盧樉云
內頁美編　譽緻國際美學企業社・羅光宇
封面設計　洪瑞伯
攝影師　李權（主圖）・吳曜宇（步驟）

發 行 人　程顯灝
總 編 輯　盧美娜
美術編輯　博威廣告
製作設計　國義傳播
發 行 部　侯莉莉
財 務 部　許麗娟
印　務　許丁財
法律顧問　樸泰國際法律事務所許家華律師

藝文空間　三友藝文複合空間
地　　址　台北市大安區安和路二段 213 號 9 樓
電　　話　（02）2377-1163

出 版 者　四塊玉文創有限公司
總 代 理　三友圖書有限公司
地　　址　106 台北市安和路 2 段 213 號 9 樓
電　　話　（02）2377-1163、（02）2377-4155
傳　　眞　（02）2377-1213、（02）2377-4355
E-mail　service@sanyau.com.tw
郵政劃撥　05844889　三友圖書有限公司

總 經 銷　大和書報圖書股份有限公司
地　　址　新北市新莊區五工五路 2 號
電　　話　（02）8990-2588
傳　　眞　（02）2299-7900

初　　版　2023 年 10 月
定　　價　新臺幣 538 元
Ｉ Ｓ Ｂ Ｎ　978-626-7096-58-1（平裝）
◎ 版權所有・翻印必究
◎ 書若有破損缺頁，請寄回本社更換

國家圖書館出版品預行編目（CIP）資料

蓮草紙必備寶典：染色X花形X組合/陳建華作. --
初版. -- 臺北市：四塊玉文創有限公司, 2023.10
　面；　公分
　ISBN 978-626-7096-58-1(平裝)

1.CST: 花飾 2.CST: 手工藝

426.77　　　　　　　　　　112014723

http://www.ju-zi.com.tw
三友圖書
友直 友諒 友多聞

三友官網

三友 Line@